# 工程督查及代建管理实践指南

曹昌顺　著

中国建筑工业出版社

**图书在版编目（CIP）数据**

工程督查及代建管理实践指南 / 曹昌顺著. — 北京：
中国建筑工业出版社，2024.10. — ISBN 978-7-112
-30389-2

Ⅰ. TU71

中国国家版本馆 CIP 数据核字第 2024GV7861 号

责任编辑：周娟华
责任校对：赵　力

工程督查及代建管理实践指南

曹昌顺　著

\*

中国建筑工业出版社出版、发行（北京海淀三里河路9号）
各地新华书店、建筑书店经销
北京龙达新润科技有限公司制版
建工社（河北）印刷有限公司印刷

\*

开本：787 毫米×1092 毫米　1/16　印张：11½　字数：171 千字
2025 年 3 月第一版　　2025 年 3 月第一次印刷
定价：**68.00** 元
ISBN 978-7-112-30389-2
（43752）

# 前 言

　　笔者很荣幸出版了三本书跟读者分享和交流。您现在读的是我的第三本书《工程督查及代建管理实践指南》，正如第二本书《中国建设监理与咨询的理论和实践》是第一本书《工程管理方法论》的延续、细化和改进一样，第三本书亦是第二本书的完善、升华和创新。没有第一本书，也就没有第二本书，更谈不上有第三本书了。

　　虽然这三本书有共性，但也各有其个性，所谓侧重点不同。第一本书侧重工程管理和哲学，讲了一些"道"的东西，比如文化理念、工程哲学等。第二本书侧重工程监理和咨询，谈了一些"法"的东西，比如监理咨询方法等。第三本书侧重工程督查和管理，介绍了一些"术"的东西，比如督查实践等。

　　这三本书旨在向您展示：什么是工程管理？为什么做监理咨询？怎么干工程督查？如此等等。

　　之所以要写第三本书——《工程督查及代建管理实践指南》，是因为笔者从事过督查项目、参与过管理工作，想把督查、管理等相关理论知识和实践经验与读者分享和交流，以便相互启发、相互学习。

　　本书主要介绍工程督查和管理两个方面的内容，具体来说：一是督查。所谓督查，是指督促检查、监督巡查、督导抽查等。督查人员工作不能光靠经验，还要有正确的督查理论的指导。二是管理。所谓管理是指管理人员通过计划、组织、领导、协调、控制等职能来协调他人的活动。人们通过学习管理理论知识，并坚持不懈地把管理理论知识运用到实践中去，从而提高管理能力。管理主要是管人理事或者管事理人。

　　本书由上、下两篇组成，共七章。具体来说：上篇为督查篇，包括第一章工程督查和质量安全保险、第二章督查管理工作指南、第三章督查方案、第四章督查实施细则、第五章政府购买监理巡查服务；下篇为管理篇，包括第六章代建管理知识、第七章代建管理实践。

本书可以作为政府机构、建设单位、招标代理单位、勘察设计单位、监理单位、工程管理单位、造价咨询单位、施工单位、材料设备供应单位、工程质量检测单位等相关人员的参考书，也可作为高校土木工程、工程管理等专业学生的教材。

限于笔者水平和时间，书中纰漏在所难免，欢迎读者批评指正。

曹昌顺

# 目 录

## 上篇　督查篇

# 上篇

## 督查篇

　　所谓"督查"，字面上的意思理解是指督促检查、监督巡查、督导抽查等。它侧重动作和过程，出发点和落脚点在于促进工作开展、任务落实。不同的人对其可能会有不同的理解和看法，所谓仁者见仁，智者见智。正如不同的人对同一件事情可能有不同的理解一样，难说对错，却有高下之分，力求深入思考，不断地追问为什么。

　　所谓"理论"，是指人们对某种事物客观规律的抽象理解和论述。理论是从实践中抽象出来的，当然还需要回到实践中去接受检验，使理论不断巩固、优化、完善和升华，从而不断提高人的理论思维或者抽象思维能力。抽象思维或者理论思维能力提高的作用是促使人的思维不要局限于表面现象，而要更加全面、深入、细致。

　　督查之道就是真正通过督查为工程带来价值，真正让督查成果潜移默化为工程的无形价值。工程不仅是干出来的、管出来的、"监"出来的，也是查出来的。

　　另外，督查人员工作不能光靠经验，还要有督查理论的指导。督查理论是督查行动的先导，督查实践来自于督查理论。督查理论是否正确，从根本上决定着督查实践的成效乃至成败。督查实践告诉我们，督查环境和条件不是一成不变的，督查理论自然也不会一成不变。

　　正确运用哲学思维，深刻剖析工程督查实践与督查理论的关系，揭示督查工程建设项目中存在的各种矛盾及其运行规律，用联系和发展的观点看待，运用唯物辩证法，全面推动工程督查水平提升，以适应工程高质量发展的新要求。

## 第一章

# 工程督查和质量安全保险

　　同一件事情作用于不同的督查人产生的效果不一样，原因就在于每个督查人的主观态度不同。比如，有的督查人遇到质量安全问题，会选择逃避，而有的督查人会积极主动地想尽一切办法解决；有的督查人不善于发现问题，甚至遇到问题就回避，而有的督查人则敢于提出问题。

　　但凡成功的督查人，都具有强大的督查力，善于把控方向，把控不是为了过多的干预，而是为了让工程建设得更好，适时、适度、适力地督促相关单位对发现的督查问题进行整改，以求达到共赢的结果。

　　笔者认为，督查的出发点和目的全在于落实工作，督促相关方把事情做成。从某种意义上理解，可以把督查定义为通过各种方式，比如实地查看、检验资料、调查研究、提问回答等，促使某项工作或任务完成的一种方法。如何把一件事做好，对于督查工作抑或是其他工作，其实都是一回事，殊途同归，都需要有工匠精神。比如，把手中的论文打磨好，需要工匠精神，要把督查工作做好，同样也需要工匠精神。

　　当然，要做好督查工作，还需要掌握方法论。所谓方法论，就是关于人们认识世界、改造世界的方法和理论。具体到督查工作来说，督查工作方法论就是根据工程督查知识、督查思维，主要以解决督查工作问题为目标的认识和改造督查工作的方法理论，涉及任务、工具和方法等。这就要求督在实处，查在要害。

　　所谓督查力，是指督查人顺利完成督查工程计划的能力。为此，督查人需要学会提升督查力，或者说修炼督查力，"督查力提升"是督查人提高自身督查能力的起点和归宿。

督查的逻辑是以"道"驾驭"术"，监督方法工具都是为了最终的督查目标实现和创造督查价值。有效督查方法的熟练运用就是督查力。

质量是工程的生命。安全是保障工程的生命力，也是工程建设的前提。对于工程建设者来说，最重要的履职能力是质量安全能力。因此，了解和掌握质量安全理论很重要。学习这方面的理论知识不难，难在把理论应用到工程实际中去取得实效。

# 第一节　工程督查的相关概念

为了更好地学习督查相关知识，需要明确工程督查的相关概念，这里主要介绍一下督查相关定义、督查方的义务和权利、委托方的义务和权利、督查方和委托方的责任等方面的内容，下面逐一叙述。

## 一、督查相关定义

为了更好地了解督查理念，需要先理解督查相关定义。这里列出了一些与督查相关的定义。

（1）"督查方"是指承接督查业务，承担督查责任，并履行督查义务的法人及其合法继承人。

（2）"委托方"是指委托督查工程的法人及其合法继承人。

（3）"总督查工程师"是指由督查方委派并经委托方同意后，安排到项目督查机构履行督查合同义务和行使权利的项目总负责人。

（4）"项目督查机构"是指督查方派驻督查工程项目现场直接承担督查工作实施的组织机构，由总督查工程师、总督查工程师代表、各专业督查工程师以及其他辅助人员组成。

（5）"工程督查项目"是指委托方根据督查合同，委托督查方实施督查的工程项目。

（6）"建设工程督查"是指督查机构根据督查合同约定履行义务，行使其权利，并积极对工程进行督查。

（7）"进驻"是指督查方人员为了实施督查工作的行为而需要进入工地现场。

（8）"督查现场"是指督查工程建设项目实施的现场。

## 二、督查方的义务和权利

督查方需要了解自己的权利和义务，只有这样才能做好督查工作。督查权利是履行义务的保证。所谓没有督查权利，就没有与其相应的义务。反之，没有履行好督查义务，也不能充分发挥其督查权利。为了更好地履行督查方的义务和行使权利，需要把其义务和权利具体化，这样才更具可行性、可操作性。下面就督查方的义务和权利进行详细说明。

### （一）督查方的义务

（1）督查方向委托方报送委派的总督查工程师及其主要成员名单、督查方案、督查实施细则等。项目督查机构不得从事与所督查工程的施工和建筑材料、构配件以及机械设备等相关的活动。

（2）督查方在履行督查合同义务期间，应熟练运用督查职业技能，积极地为委托方提供与其水平相适应的咨询意见和建议，努力地投入工作，尽最大力量帮助委托方实现合同约定的目标，公正地维护参建各方的合法权益。

（3）督查方使用委托方提供的设施和物品，应使用好、爱护好。在督查工作完成或中止时，应将该设施和物品库存清单提交给委托方并移交。

（4）督查方在督查合同期内或合同终止后，未征得相关方同意，不得

5

泄露与督查工程项目、督查合同业务活动相关的保密资料。

（5）督查方不得将承担的业务进行转让。

（6）督查方不得承包工程，不得介绍承包商承揽业务，不得从事建筑材料、构配件和机械设备等经营活动。

（7）督查方在督查工作中，因主观过错造成重大经济损失的，应承担相应的经济责任和法律责任。

（8）督查方不得与所督查工程的建设单位、设计单位、施工单位或建筑材料、构配件和设备供应单位有其他利害关系，以免影响督查工作的开展。

（9）督查方必须严格遵守督查工作职业道德，公正、客观、科学地开展督查工作，不得利用职权谋取不正当利益，以免损害委托方的利益。

**（二）督查方的权利**

（1）督查方对督查工程建设有关事项，包括设计标准、规划设计、工艺设计等，保有对委托方的建议权。

（2）督查方就督查工程各专业设计中的技术、管理等问题具有向委托方提出书面报告的权利。

（3）督查方对于督查工作过程中发现的问题具有向委托方提出书面报告的权利。

（4）督查方拥有对工程施工质量的检查权。对于工程施工质量不符合法律法规、标准规范、设计要求等，督查方有权通知施工单位进行整改，并做好记录；对于不符合施工图纸和质量标准的问题以及督查发现的不安全作业行为，有权向委托方建议整改、停工等。

## 三、委托方的义务和权利

委托方需要了解自己的义务和权利，只有这样才能更好地督促督查方工作的开展。委托方权利是履行义务的保证。所谓没有委托方权利，也就没有其相应的义务。反之，没有履行好委托方的义务，自然也就不能充分发挥其权利。唯有委托方履行了其义务，行使了其权利，才能更好地实现委托方的目标。

为了更好地让委托方履行义务和行使权利，需要把其义务和权利具体化和合理化，这样才更具有指导性和实操性。下面就委托方的义务和权利进行说明。

**（一）委托方的义务**

（1）委托方应负责协调所有的外部关系，并为督查工作开展创造有利条件和环境。

（2）委托方应及时向督查方提供与工程有关的资料，为督查方工作开展提供方便，调动督查方的积极性，使其对督查工作保有激情。

（3）委托方应及时地就督查方书面提交并要求作出决定的事宜积极作出书面回应。

（4）委托方应当授权一名熟悉督查工程实际情况和条件，并能迅速作出决定的常驻代表，负责与督查方保持联系、沟通。委托方如需更换常驻代表，需提前通知督查方，以保证沟通顺畅。

（5）委托方应当积极主动地为督查方提供相关帮助，包括获取督查工程使用的原材料、构配件、设备等生产厂家名录；提供与督查工程有关的协作单位、配合单位的名录等。

**（二）委托方的权利**

（1）委托方有权调换总督查工程师，更换不称职的督查人员，但需要有充分的证据说明更换的理由。

（2）委托方有权要求督查方提交督查提案、周简报、月报、督查工作总结等。

（3）委托方有权依据督查合同检查督查方的工作质量，随机现场抽查督查方人员到岗履职情况。

## 四、督查方和委托方的责任

督查方和委托方需要了解各自的责任，只有这样才能更好地执行督查合同的规定，以免引起被对方追责的可能。

当然，这就要了解各自责任的具体要求，下面主要列举了双方应具体担负的责任，这些责任不是全部的内容，还需要根据实践需要，不断地优化、完善和精进。

### （一）督查方的责任

（1）督查方应当积极地履行督查合同中约定的义务，并承担好其职责。如果因督查方主观过失而造成经济损失，应当向委托方进行相应的赔偿。

（2）督查方对第三方原因导致违反合同规定的质量标准和完工时限，则不承担任何责任；因不可抗力以及不可预见事项导致督查合同不能全部或部分履行的，督查方也不承担任何责任。

（3）督查方向委托方提出的赔偿要求不成立时，督查方应当补偿由该索赔所导致委托方产生的相关费用。

（4）督查方如果因自身失职导致违约，理应承担违约赔偿责任。

（5）督查方与承包方相互串通，为承包方谋取非法利益，给委托方造成损失的，应当与承包方承担连带赔偿责任。

### （二）委托方的责任

（1）委托方应当积极履行督查合同约定的义务，敢于承担其职责。

（2）委托方向督查方提出的赔偿要求不成立时，则应当补偿由该索赔所导致督查方产生的相关费用。

（3）委托方如果自身违反相关规定，则应当承担违约责任，赔偿给督查方造成的经济损失。

（4）委托方应当积极主动地协调有关参建各方解决督查方提出的工程

问题，保证问题得到及时处理。

# 第二节　督查方对项目督查机构的监管

督查方为了保证督查工作的高质量开展，应加强对项目督查机构的监管，及时发现项目督查机构现场督查工作存在的缺点和不足，并对其进行监督和巡查，以便指导其更好地改进督查工作。

下面主要从两方面进行介绍：一是内业资料巡查要点；二是现场外业实体巡查要点。

## 一、内业资料巡查要点

### （一）检查项目督查机构的法定建设程序文件情况

（1）是否对各参建方落实质量、安全监督交底文件的工作要求情况进行监控。

（2）是否对施工合同、督查合同等进行收集，并组织内部学习。

### （二）检查项目督查机构的文件管理情况

（1）检查项目督查机构制度上墙情况：工作办公地点是否统一悬挂督查工作制度；是否设置督查组织设计架构；是否张贴项目督查机构使命、愿景和核心价值观等。

（2）检查法律法规和规范标准配备情况：是否配备齐全涉及督查的有关法律法规、标准规范等。

### （三）检查项目督查机构的人员到位履行及器具配置情况

（1）是否备齐了督查人员的职称证书、岗位证书等。

（2）是否制定项目督查机构管理程序、方法和制度等。

（3）总督查工程师或其代表是否经任命、授权。

（4）检查检测设备和工具配置情况：是否配备齐全钢卷尺、回弹仪、靠尺、游标卡尺、空鼓锤等。

### （四）检查项目督查机构对工程安全的督查情况

1. 检查涉及安全督查的策划文件

（1）是否编写《督查方案》，该方案是否经督查方技术负责人审批。

（2）是否编制《督查实施细则》，该细则是否有针对性和可操作性。

2. 检查施工准备阶段的安全督查情况

（1）是否建立了安全督查组织架构。

（2）是否按要求进行了项目督查机构人员的内部安全培训和教育，并形成培训记录。

（3）是否按要求对施工组织设计及专项施工方案落实情况进行了检查。

（4）是否对超过一定规模的危险性较大的分部分项工程专项方案进行了专家论证。

（5）是否按相关要求检查了安全生产许可证、特种作业人员操作资格证。

（6）是否检查了施工企业安全生产保证体系、安全生产责任制和各项安全规章制度等落实情况。

3. 检查施工过程的安全督查情况

（1）是否检查了施工方的定期安全检查记录。

（2）是否检查了施工单位的安全设施验收记录，包括脚手架、混凝土模板工程、临边洞口防护工程、临时用电、消防、基坑支护、卸料平台等。

（3）是否按规定督促施工方落实了危险性较大的分部分项工程作业专项安全检查，并形成了安全检查记录；监理是否进行了旁站。

（4）是否按规范督促了监理单位巡视或旁站发现的安全隐患情况。

（5）是否检查了安全监督部门下达的安全隐患整改落实情况。

## （五）检查项目督查机构对工程质量督查情况

1. 检查涉及质量督查的策划文件

（1）《督查方案》编制内容的深度和广度是否包含工程质量督查的相关内容。

（2）《督查实施细则》是否根据施工进度情况及时编制完善，编制的专业工程督查实施细则是否有合理性、针对性和可操作性，并能指导工程质量督查工作的实施。

2. 检查督查制度执行文件

（1）项目督查机构全体人员是否参加了第一次督查工地会议，并会签会议纪要。

（2）项目督查机构是否按相关规定及指引全员填写督查日志；填写的日志质量是否达到要求和标准。

3. 检查项目督查机构的质量督查

（1）是否按规定对施工单位资质进行检查；是否对施工单位相关从业人员资格进行检查。

（2）是否按规定配备开展督查工作所需的常规测量仪器。

（3）是否按要求检查施工组织设计、施工方案。

（4）是否对用于工程的主要材料、建筑构配件、设备和商品混凝土等进行了检查。

（5）是否检查了质量监督部门下达的质量隐患整改落实情况，如发现未整改事宜，是否及时提出处理意见。

## 二、现场外业实体巡查要点

（1）是否检查了现场文明施工，包括围挡封闭或市区主要道路围挡高度、主要道路及材料加工区地面硬化处理、施工现场车辆冲洗设施、防尘降尘措施、材料集中堆放、施工现场排水设施、裸土覆盖等情况。

（2）是否检查了脚手架，包括立杆基础、扫地杆、立杆、脚手板、层间防护、安全网等情况。

（3）是否检查了基坑工程，包括支护结构、土方开挖、基坑边坡、基坑排水沟及集水井、基坑监测、基坑安全防护措施、料具堆放距基坑边距离等情况。

（4）是否检查了模板支架，包括扫地杆、水平杆步距、立杆间距、杆件连接、立杆支撑顶端自由端长度等情况。

（5）是否检查了高处作业，包括安全帽、临边防护、落地式物料平台、安全带、洞口防护、通道口防护、攀登作业、悬空作业、移动式操作平台等情况。

（6）是否检查了施工用电，包括电缆敷设、配电箱巡查记录等情况。

（7）是否检查了施工垂直运输设备，检查设备是否经验收合格方可使用；检查持证上岗或人证合一是否符合要求。

（8）是否检查了试块养护。检查现场是否设标养室、标养室是否启用或委托检测机构标养；是否编制试块留置计划方案、满足批量留置要求；留置计划是否详细；现场是否留置同条件养护试件。

（9）是否检查了消防与防火。检查现场灭火器数量是否足够；检查加工棚、材料堆场、楼层、动火作业场所、临时用房等是否按规范要求放置灭火器。

# 第三节 质安站①监督

政府经历了从直接参与质量监管活动到对五方责任主体履职程序的监督的转变。政府监管由微观监督转向宏观监督，由直接监督转向间接监督。

工程质量合格与否，政府不再确认，而是由五方责任主体进行申报确

---

① 质安站是质量安全监督站的简称。

认。将政府质量监督机构从发生质量事故后的主体责任中解脱出来，转为受政府部门委托的执法机构，彻底摆脱发生质量事故后政府所承受的压力。工程质量监督模式转变后，建设单位、勘察单位、设计单位、施工单位、工程监理单位依法对建设工程质量负责。

质安站主要是代表政府职能部门对工程全过程进行质量和安全监督管理，负责对所在地区建设工程质量和安全进行监督管理的单位。

一般来说，参建各方要向质安站作出相关承诺，同时质安站相关人员要向工程参建各方作出相关承诺，建设单位项目负责人、施工单位项目经理、项目总监、监督小组成员等人在承诺书上签名。

开工前，质安站会向建设单位发出工程质量安全监督告知书，并给予开工提示书，同时质安站还要制订工程质量安全监督计划交底书。

质安站受理建设项目质量安全监督注册，巡查施工现场工程建设各方主体的质量安全行为及工程实体质量安全，核查参建人员的资格，监督工程竣工验收。

下面主要从监督依据、监督性质、监督范围和组织形式、监督程序、监督职能、监督内容、监督措施、监督工程质量责任主体单位的责任和义务、质安站巡视工地检查的内容等九大方面叙述。

## 一、监督依据

监督依据包括：《中华人民共和国建筑法》《中华人民共和国安全生产法》《中华人民共和国民法典》《建设工程质量管理条例》《建设工程安全生产管理条例》《实施工程建设强制性标准监督规定》《建筑工程施工质量验收统一标准》以及经审查的施工图纸等。

## 二、监督性质

质安站依据相关法律法规和标准规范对各参建责任主体及工程质量检

测单位履行质量和安全责任情况实施政府强制性监督。有权抽查工程文件和资料、工程实体，对违法违规行为予以纠正和处理。

## 三、监督范围和组织形式

监督范围主要包括施工质量、施工安全等。根据实际情况需要，组织形式分为监督小组检查、季度及专项检查和站级督查。监督小组检查是指监督人员日常监督巡查；季度及专项检查是指质安站及上级要求开展的每季度一次检查及根据形势需要实施的专项业务检查；站级督查是指质安站领导随机开展的督查工作。

## 四、监督程序

（1）根据实际需要制订监督计划，做好监督交底，并现场发放施工许可证，必要时对施工条件进行监督检查。

（2）对工程质量和安全、参建各方责任主体单位质量安全行为进行抽查。

（3）对完工工程办理《终止施工安全监督告知书》和《建设工程竣工前质量检查情况通知书》。

（4）对工程竣工验收进行监督。

（5）向备案机关递交有关监督报告。

（6）整理形成有关工程监督档案。

## 五、监督职能

（1）监督工程建设的各参建方，包括建设单位、勘察设计单位、监理单位、施工单位、材料设备供应单位等的质量行为是否符合国家法律法规和标准规范的规定；查处违法违规行为和质量安全事故。

（2）监督检查工程实体的施工质量，尤其是地基基础、主体结构等涉及结构安全和使用功能的工程施工质量。

（3）对受委托的工程进行质量鉴定监督。

（4）组织或参与建设工程质量投诉的调查处理。

（5）对违反建设工程质量管理规定的行为和影响工程质量的问题，有权采取责令整改、停工等强制性措施。

（6）有权要求被检查单位提供有关工程质量的文件和资料，进入现场进行检查，发现有影响工程质量的问题时，责令改正。

## 六、监督内容

（1）对责任主体履行质量责任和安全生产责任的行为进行监督抽查。

（2）对有关工程质量、环保、职业健康、安全文明施工等的资料进行监督抽查。

（3）对原材料和工程实体质量等进行抽查、抽测。

（4）对重要分部工程质量验收的监督，比如地基与基础、主体结构、建筑节能等。

（5）对工程竣工验收进行监督。

## 七、监督措施

质安站人员在监督检查过程中，当发现工程实物存在质量安全问题或责任主体未履行质量安全责任、质量安全行为不规范、存在违法违规的行为时，监督人员将根据问题的性质不同，选择采取以下措施：发出监督意见书；发出整改通知书；发出停工通知书；对相关责任主体诚信体系扣分；启动工程质量约谈机制；提交行政处罚建议等。

## 八、监督工程质量责任主体单位的责任和义务

根据国家有关建设工程质量法律法规、规范标准及有关管理规定，有

关责任主体单位的质量责任和义务叙述如下：

## （一）建设单位的质量责任和义务

建设单位是工程质量的第一责任人，包括但不限于以下责任和义务：

（1）根据要求及时办理工程质量监督手续。

（2）根据要求不得任意压缩合理工期。

（3）根据要求委托具有相应资质的检测单位。

（4）根据要求将施工图设计文件及时报审图机构审查，文件审查合格后方可使用。

（5）根据要求不得指定应由承包单位采购的建筑材料、建筑构配件和设备。

（6）按照规定，建设单位不得将工程肢解发包。

（7）按照规定，由建设单位采购的建筑材料、商品混凝土、混凝土预制构件、构配件和设备等质量应符合要求。

（8）根据要求建设单位不得明示或者暗示设计单位、施工单位违反强制性标准进行设计、施工。

（9）根据要求由施工单位向监理单位提交工程竣工报告，申请工程竣工验收。监理单位组织预验收，最终由建设单位项目负责人组织监理、施工、设计、勘察等单位项目负责人进行单位工程验收。

## （二）勘察单位的质量责任和义务

（1）参加建设单位组织的图纸会审，配合施工单位签署有关文件。

（2）出具勘察报告，勘察报告应签章齐全。

（3）积极参加地基验槽、桩基、地基与基础等重要分项分部工程的质量验收，参加工程竣工验收。

（4）参加相关工程质量问题和质量事故处理，对因勘察造成的质量问题、质量事故提出相应的技术处理方案。

**（三）设计单位的质量责任和义务**

（1）参加建设单位组织的图纸会审，进行设计文件交底，配合施工单位签署有关文件。

（2）积极参加地基验槽、桩基、地基与基础、主体结构、建筑节能等重要分项分部工程的质量验收，参加工程的竣工验收。

（3）及时解决施工过程中发现的设计问题。

（4）必要时，积极、主动地配合建设单位进行质量事故的分析处理。

**（四）监理单位的质量责任和义务**

（1）监理单位的质量责任重如山，需要设计适合的项目监理机构，各级监理人员到岗履职，尤其是总监、总监代表等关键人员到位。

（2）制定监理规划、监理实施细则、安全监理方案等，并做好内部的交底工作。

（3）按照有关规定，及时审查施工组织设计或者专项施工方案。

（4）加强对分包单位资质的审核。

（5）严格检查建筑材料、构配件和设备质量。

（6）严格要求施工单位按图施工，严把质量关。

（7）根据旁站监理方案，对重点部位、关键工序实施旁站监理，并做好旁站记录。

（8）根据实际问题需要，及时签发监理通知单，并督促施工单位及时整改并书面回复。

（9）根据要求及时组织各有关单位对隐蔽工程、检验批、分项工程、分部工程等进行验收。

（10）及时做好监理月报和监理日志等资料。

（11）及时收集和整理有关工程监理资料，向监理公司和业主移交监理归档资料。

**（五）施工单位的质量责任和义务**

（1）建立健全的项目质量管理机构。建立完善的质量管理体系和保证体系，项目经理、技术负责人、质检员、施工员等配套，并具有相应的资格或上岗证书。

（2）施工组织设计、专项施工方案等报监理单位审核并通过。

（3）严格按施工图设计文件施工，不得擅自变更设计文件。

（4）加强对建筑材料、构配件、设备等的质量管理。

（5）建立质量责任追溯制度，严格施工过程质量管理，认真执行"三级"自检制度，保证工程质量的可追溯性。

（6）做好工程技术资料的收集、整理工作。

（7）根据实际问题需要，及时处理质量问题和质量事故，并做好记录。

（8）积极、主动地处理质量投诉问题。

**（六）工程质量检测单位的质量责任和义务**

（1）检测报告经检测人员签字、经检测机构法定代表人或者其授权的签字人签署，并加盖检测机构公章或者检测专用章后方可生效。

（2）任何单位和个人不得明示或者暗示检测机构出具虚假检测报告，不得篡改或者伪造检测报告。

（3）不得转包检测业务。

（4）应当对其检测数据和检测报告的真实性和准确性负责。违反法律、法规和工程建设强制性标准、给他人造成损失的，应当依法承担相应的赔偿责任。

# 九、质安站巡视工地检查的内容

质安站根据督查计划不定期地对工地进行检查，严格检查施工过程各责任主体单位的职责落实情况，严格监督施工过程的施工质量，严格监督验收程序等。从施工单位的安全员、质检员到项目经理，从监理单位的监理员、专业监理工程师、总监代表到项目总监，以及勘察设计、甲方项目负责人等人员都对他们肃然起敬。因为他们是代表政府行使职能，所以可见质安站监督工作的严肃性和权威性。

"质"必行，"量"出来。为了保证工程质量，需要保有质量领导力。所谓质量领导力，是指运用一切资源为我所用、坚持质量目标导向，最终达到工程结果的能力。

当然，光有质量领导力还不够，还需要有质量执行力。所谓的质量执行力，是指贯彻组织的质量方针、质量标准，实现质量目标的能力。这就要求提升质量领导力。

下面是质安站通常检查的项目，包括但不限于以下内容，仅供参考。

## （一）程序性检查

（1）检查是否有施工许可证；

（2）检查工程是否按建设程序施工；

（3）检查桩基工程是否按程序验收；

（4）检查地基与基础、主体结构、建筑节能等分部工程是否按程序验收；

（5）检查施工、监理等单位合同是否有效；

（6）检查勘察、设计、监理、施工等单位资质是否符合要求；

（7）检查设计单位从业人员的资格是否符合要求；

（8）检查监理单位从业人员的资格是否符合要求。

## （二）参建各方责任主体行为检查

1. 建设单位质量行为检查

（1）检查是否依法委托监理，是否存在违法行为；

（2）检查现场是否设立合理的项目管理机构；

（3）检查有无干扰监理正常工作、违法发包等行为。

2. 勘察、设计单位质量行为检查

（1）检查勘察报告资料的完整性、合理性、规范性；

（2）检查施工图设计是否符合法律法规、标准规范的要求；

（3）检查设计变更手续是否合法有效；

（4）检查是否认真进行了技术交底、图纸会审；

（5）检查是否根据需要派设计代表驻现场服务，保证设计服务效率。

3. 监理单位质量行为检查

（1）检查项目监理机构人员到岗履职情况；

（2）检查是否编制了监理规划、监理细则、监理月报等；

（3）检查是否按要求审查了施工组织设计；

（4）检查是否严格依照法律法规、标准规范进行监理；

（5）检查是否严格对进场材料执行验收程序；

（6）检查是否按要求进行旁站监理，并形成旁站记录；

（7）检查是否按要求下发监理通知单，问题是否闭合；

（8）检查是否按要求组织召开监理例会，并形成监理例会纪要；

（9）检查监理日志填写是否真实、准确和齐全。

4. 施工单位质量行为检查

（1）检查是否建立了健全的项目部组织架构；

（2）检查是否建立工程质量责任制；

（3）检查是否编制了施工组织设计、施工方案，审批手续是否齐全；

（4）检查是否按要求落实技术交底制度；

（5）检查是否严格按图施工。

## （三）其他方面检查

（1）检查工地实名制管理情况；

（2）检查扬尘治理情况；

（3）检查总监、项目经理实名制考勤情况；

（4）检查其他未尽事宜。

# 第四节　工程质量潜在缺陷保险

　　所谓工程质量潜在缺陷保险（IDI），是指由建设单位投保的，根据保险合同约定，保险公司对在正常使用条件下，在保险期间由于建筑工程潜在缺陷所导致被保建筑物的物质损坏，履行赔偿责任的保险。它由建设单位投保、支付保费，保险公司为建设单位及建筑物所有权人提供因建筑潜在缺陷导致保修范围内的物质损失时的赔偿保障。而潜在缺陷是指因设计、材料、施工等原因造成的工程质量不符合工程建设强制性标准以及合同的约定，并在使用过程中暴露出的质量缺陷，比如设计潜在缺陷、施工潜在缺陷、材料潜在缺陷等。

　　IDI 的目的在于通过保险手段来保障和提高建设工程的质量，提供风险保障服务，强化服务功能，为被保险人提供及时、方便、有效的理赔服务。它对社会的意义主要是通过实施 IDI 制度，完善了工程质量保障体系，消除了因责任主体消失或难以履职而导致的业主权益得不到保障的情况，维护了社会的和谐稳定。它对于行业的意义主要在于两方面：一方面，风险转移至保险公司，保险公司代表最终用户规范建设单位质量行为；另一方面，落实工程各参建单位的质量责任以及全寿命周期的质量保障。另外，它对于企业的意义是解决了建设单位质保金长期沉淀的问题，减轻了企业负担。

　　2016 年 6 月 16 日，上海市人民政府办公厅转发上海市住建委、金融办、保监局三部门推出的《关于本市推进商品住宅和保障性住宅工程质量潜在缺陷保险的实施意见》，规定上海市保障性住房、浦东新区范围内的商品住宅工程必须投保 IDI，住宅工程在土地出让合同中，应当将投保 IDI 列为土地出让条件。

　　广州市自 2020 年底起逐步实施以建筑质量潜在缺陷保险结合保险风

险管理服务（以下简称 TIS 服务）为首的质量安全保险制度，根据保险"保、防、救、赔"的理念，充分发挥市场主体的作用，在工程项目实施阶段加强市场化的监督，在工程项目使用阶段对其潜在质量缺陷进行质量风险的闭环兜底。

作为 IDI 风险管理的手段，TIS 服务是监理企业一个新的业务增长点。但有别于传统的监理业务，TIS 服务不作为五方责任主体之一参与现场的施工管理，而是以保险服务合同为基础对保险公司负责，通过风险识别和隐患排查等方式，配合当地质量安全监督部门，以市场化的手段对项目的质量安全进行约束。

# 一、工程质量风险管理机构组织

工程质量风险管理机构（以下简称 TIS 机构）是指受保险公司委托，对建筑工程质量潜在风险因素实施辨识、评估、报告、提出处理建议，促进工程质量的提高，减少、避免质量事故的发生，并最终对保险公司承担合同责任的法人机构。

TIS 机构是受保险公司委托的独立第三方，直接对保险公司负责，辅助质量监督机构，辨识、控制工程项目的潜在质量缺陷，记录参建单位的失职情况。TIS 机构不能直接或间接参与被保险项目的施工、设计、监理、咨询或者材料供应等服务。

根据 2020 年 12 月 30 日印发的《广州市住宅工程质量潜在缺陷保险管理暂行办法实施细则》，TIS 机构应符合下列条件之一：

（1）具有大型建筑工程管理经验，拥有房屋建筑工程监理专业乙级或以上资质；

（2）具有 3 年以上受保险公司或房地产开发商委托开展国内外建设工程质量风险管理经验，并按专业要求配备相应工程师的工程管理机构；

（3）其他符合条件的工程管理咨询机构。

TIS 机构参与工程项目的勘察、设计、施工、使用、维护等全生命周期的各个阶段。在工程项目的勘察、设计阶段，TIS 机构对施工图中存在的风险点进行风险辨识，出具风险评估报告，对未来施工和使用阶段可能出现的理赔风险进行预判并推动设计优化，对未来施工阶段的现场风险巡查管控重点作出指导性的判断。

在施工阶段，TIS 机构进行定期的风险巡查服务，辨识出潜在质量缺陷并形成报告，对巡查所发现问题的整改情况进行记录。在保险的责任等待期内，TIS 机构定期巡查，记录在此期间已出现的质量问题并做好记录，并督促导致缺陷出现的责任方进行整改，配合保险公司厘清责任界面。

TIS 机构根据参建各方的行为等，对项目的风险进行动态预判，管理目的是促进项目整体质量的提升。TIS 机构在服务过程中，凭借专业知识和现场丰富经验，由勘察、设计阶段开始介入，从源头开始管控，对工程资料进行分析，预判可能存在的风险并提出意见和建议，并在过程中进行巡查，减少未来发生问题的概率，在过程中须做好详细记录。

政府部门对于工程质量的监管不可能面面俱到，但凡发生严重的质量事故，它经常会处于被动局面，从而对社会稳定带来了压力。在住宅工程建设使用中，由于缺乏独立的第三方机构有效制衡，往往使得住宅工程质量潜在缺陷产生破坏后，难以得到及时的维修。

通过建立住宅工程质量潜在缺陷保险，可以充分发挥市场的作用，提高工程质量，也可以提升相关责任单位的赔偿能力，降低对社会公众造成的不利影响。同时，也应从国家立法层面健全制度体系，对现行工程质量保修制度进行有益的补充和完善。工程质量潜在缺陷保险制度被认为是市场、政府角色转化，提高住宅工程质量，降低潜在质量缺陷风险的理性选择。

住宅工程质量潜在缺陷保险实施的意义主要在于三方面：一是保险公司通过聘请专业第三方风险管理机构，对设计、施工、检查验收等环节提供风险管理服务，可进一步完善建设行业工程质量管理制度，提高工程质量，能够使法律法规更好地落实到各方责任主体中去。二是建设单位投保工程质量潜在缺陷保险，可以转嫁建设单位维修赔偿责任，降低后期运营成本，且有保险公司为住宅工程质量背书，也有利于提升建设单位的品牌形象。三是保险公司利用专业的风险管理审核方法，针对信用评定较差、历史记录不佳的参建单位，可以通过拒保或者增加收费的管理方法，迫使其不断提高质量管理水平。

为了做好工程质量 TIS 服务，工程质量风险管理单位要根据委托人的需求和工程实际情况，选派一支素质高、责任心强、专业能力强、组织协调能力强的人员组成 TIS 机构。工程质量风险管理单位应具备相关资质，满足招标文件对资质、工作人员的职称、仪器设备等要求，工程质量风险管理单位可以作为 TIS 机构的坚强后盾，提供技术和人员支撑，形成整体力量为委托人提供优质高效的 TIS 服务。根据实际情况需要，组织机构可以由勘察设计及开工前阶段质量风险控制组、施工阶段质量风险控制组、竣工阶段质量风险控制组、复查阶段质量风险控制组等构成。

TIS 机构应以国家和地方现行建筑工程法律法规、技术标准和规范、地方建筑工程质量潜在缺陷保险法律法规、建设单位自行提供的技术标准、建设单位投保的建筑工程质量潜在缺陷保险合同及保险条款、保险公司和质量风险控制机构签订的委托合同；工程勘察报告、设计文件、深化设计文件；施工总承包合同，施工阶段施工方、监理方、材料供应商的各类文件，其他质量控制文件；地质勘察报告，建筑、结构图纸，实施性施工组织设计以及工程实际情况需要等为依据开展 TIS 服务，确保有依有据地开展工作。

为了保证 TIS 服务质量，满足委托人对 TIS 机构的要求，TIS 机构应坚持正确的工作方法、做好各阶段工作计划、形成各阶段工作成果等。

TIS 机构根据实际情况需要，采用包括建筑信息模型、大数据、云计算、人工智能等先进的科学技术手段，进行质量风险评估服务并监控承保风险，尤其需要引导人工智能为工程质量管理服务。

## 二、工程质量风险管理服务内容

关于各阶段工作计划，TIS 机构的工作范围与保险公司承保的工程质量保险的保单责任范围一致。TIS 机构的工作范围涵盖建筑工程的实施全过程，包括勘察、设计、施工、竣工验收、使用和维护等。工作内容按照项目进程可以分为四个阶段，即勘察设计及开工前阶段、施工阶段、竣工阶段和复查阶段。

### （一）勘察设计及开工前阶段服务工作

1. 风险管理机构检查工作

（1）资料收集

根据实际需求由风险管理机构成员负责收集项目勘察文件、施工图纸、参建单位投标文件、工程量清单、施工方案、监理规划及监理实施细则等所有相关资料。

（2）《检查工作计划方案》编制与审批

1）方案编制：由风险管理机构负责人牵头组织与督促，在资料收齐后，依据勘察文件、施工图纸、施工方案、监理规划、监理实施细则等资料，完成具体项目的《检查工作计划方案》编制。

2）方案审批：《检查工作计划方案》经风险管理单位技术负责人审批，审核通过后交保险人。

（3）检查工作实施

《检查工作计划方案》经审批后，由风险管理机构负责人牵头组织开展专项交底及检查工作。

2. 勘察质量风险点

（1）工程勘察过程中，勘察网点的布置、数量、深度未按国家有关规程、规范执行作业者。

（2）由于测试数据不足，野外成果不全，有杜撰或伪造数字、数据、地质描述者。

3. 设计文件质量风险点

根据《建设工程质量管理条例》《建设工程勘察设计管理条例》等文件审查。

## （二）施工阶段服务工作

为了顺利完成施工阶段的工作计划，TIS 机构重点做好质量风险检查内容、质量风险检查要求、质量风险跟踪、施工阶段形成工作成果等方面的工作。

1. 质量风险检查内容

TIS 机构质量风险检查的内容包括：

（1）内业资料检查：即审查施工单位的施工方案及深化设计图纸，对施工过程中的质量控制文件和记录报告进行抽查。

TIS 机构根据以往巡查项目的经验和工程实际情况，初步制订相关检查表，实际质量巡查过程中根据项目实施的进度情况增减相应内容。

（2）实体检查：即对施工过程中形成的工程实体进行实测实量，包括外观质量、尺寸偏差、结构强度等；根据有关的规定，巡查工作范围一般为主体结构等。

2. 质量风险检查要求

（1）TIS 机构在每次质量检查结束后，将根据检查的实际情况并就检查中发现的质量缺陷填写项目质量缺陷清单和整改建议书，同时出具风险评估报告。报告应包括检查情况的描述、检查存在的质量缺陷及潜在风险分析提示、质量缺陷的处理建议和意见等。

（2）风险评估报告应结合保险合同，根据保险责任范围进行主体结构工程、防水工程等分部分项工程的风险评估，明确质量缺陷对相应分部分项工程风险等级评定的影响。

（3）对检查中发现的质量缺陷应进行跟踪，检查其整改情况，如已整改完毕则该问题闭合，如无整改则应继续跟踪，直至整改完毕。

（4）对于一般技术风险等级以下的质量缺陷，应要求相关单位沟通协商整改措施，并在检查报告中做好记录。

（5）对于可能造成严重质量后果的质量缺陷，TIS 机构会及时提示保险公司，并要求相关单位进行整改处理；TIS 机构将根据施工进度汇总各施工阶段的质量检查情况及整改情况，以便保险公司及建设单位了解项目的总体质量风险状况。

3. 质量风险跟踪

（1）对于质量风险检查分析中提出整改建议的质量缺陷，TIS 机构会在检查过程中保持与建设单位、监理单位、保险公司的沟通，掌握质量缺陷整改的反馈情况，并对整改的实施结果进行跟踪，同时记录相关的处理情况，登记整改销项内容。

（2）对于质量风险检查分析中提出的整改建议，相关责任单位拒不整改或整改不力的，TIS 机构将对质量缺陷的处理过程和处理结果进行记录，并就质量缺陷进行客观的描述和说明，相关记录应及时告知建设单位、保险公司。

（3）对于 TIS 机构与参建单位就质量缺陷风险发生争议的情况，TIS 机构经征询保险公司书面同意后可委托争议双方共同认可的工程质量鉴定机构进行鉴定，以最终确定质量缺陷的处理方式。

4. 施工阶段形成工作成果

TIS 机构根据工程进展情况，及时形成施工技术风险评估报告，该报告包括但不限于：

（1）检查情况的描述；

（2）检查存在问题及潜在风险清单，并分析提示；

（3）问题的处理建议等；

（4）对应保险责任范围的专项风险评估；

（5）问题的跟踪情况。

### （三）竣工阶段服务工作

竣工报告的内容包括竣工检查情况汇总、整改及销项质量缺陷汇总、未销项问题汇总、可能存在隐患的说明、工程质量情况的总体评价，以及是否满足 IDI 承保的要求等。

TIS 机构应聚焦于保险技术与质量风险控制，检查历次施工质量缺陷整改情况，评价被保险建筑工程在其承保范围内的质量风险等级。

1. 工程竣工验收阶段 TIS 机构的义务

（1）对竣工资料及工程的实体质量进行全面检查，发现问题，及时向委托人及建设单位反馈，通过建设单位要求施工单位进行整改；

（2）对发现的质量问题安排专人跟踪落实；

（3）协助委托人及建设单位成立工程竣工验收小组，制定验收方案，参与建设单位组织的工程竣工验收，对发现的问题要求施工单位进行整改，确保问题及时解决，保证最终通过验收。

2. 工程收尾阶段的管理

为了提高增值服务，TIS 机构制定工作计划，工程收尾阶段的管理应包括以下内容：

（1）协助做好项目的竣工验收、整改及移交；

（2）协助做好项目的回访、保修；

（3）协助做好项目的考核评价。

3. 竣工阶段工作成果

TIS 机构在该阶段主要形成了竣工验收技术风险评估报告，报告内容包括但不限于：

（1）竣工检查情况汇总；

（2）整改及销项问题汇总；

（3）未销项问题汇总；

（4）检查情况的风险效果评价；

（5）需进行无损检测的建议项；

（6）工程质量情况的总体评价及是否满足建筑工程质量潜在缺陷保险的要求等。

**4. 竣工阶段服务时效**

TIS 机构将根据委托人的要求及工程实际进展情况，安排专人对整个工程实施过程中的质量检查情况、质量缺陷处理结果进行汇总评价，出具项目竣工风险评估报告提交保险公司。

TIS 机构对施工现场的检查频率不宜低于每月 2 次，对于施工过程中的重点专项工程，有针对性地安排现场检查，增加频次。

TIS 机构根据实际情况需要，每月组织建设单位、监理单位、施工单位等召开专题会议来研究解决发现的质量问题，对于未完成整改的问题进行梳理，要求在竣工验收前全部落实整改，为竣工验收创造条件，确保竣工阶段 TIS 机构服务的时效性。

**（四）复查阶段服务工作**

TIS 机构配合委托单位、会同建设单位、组织相关单位，沟通、协商、解决在保险责任生效前暴露的质量缺陷。

TIS 机构做好未销项质量问题计划，并将该计划分解落实到工程师去跟进销项事宜，对于施工单位不积极配合整改的，及时反馈给委托人，通过委托人和建设单位要求施工单位对未销项质量问题进行处理，形成已销项和未销项问题台账，以确保复查阶段 TIS 机构服务质量。

**1. TIS 机构在复查阶段可提供的增值服务**

（1）TIS 机构项目负责人组织专业工程师，依据有关法律法规、标准规范、设计文件及施工合同对承包人报送的竣工资料进行审查，并将存在的问题及时反馈给委托人及建设单位，由建设单位要求施工单位整改。

（2）TIS 机构参加由委托人组织的竣工验收，并提供相关资料。对验收中提出的整改问题，建设单位要求施工单位进行整改。

（3）TIS 机构组织或协助委托人对项目进行移交。

（4）TIS 机构依据委托合同约定的工程质量保修期工作的时间、范围和内容开展工作。

（5）承担质量保修期的委托工作时，TIS 机构安排人员对委托人提出的工程质量缺陷进行检查和记录。

（6）TIS 机构对工程质量缺陷原因进行调查分析并确定责任归属，对非施工单位原因造成的工程质量缺陷，一并报给委托人。

2. 复查阶段工作成果

TIS 机构在该阶段主要形成了竣工复查技术风险评估报告，报告包括但不限于以下内容：

（1）竣工遗留质量风险问题的跟踪复核；

（2）对已出现的质量缺陷问题的检查记录及产生原因进行判别；

（3）对遗留的质量缺陷的解决情况；

（4）用户非正常使用建筑产品的风险提示。

3. 复查阶段服务时效

工程竣工验收合格后至保险责任期开始前，TIS 机构将持续跟踪未销项风险，并调查和识别已暴露的质量缺陷。相关责任单位应对出现的质量缺陷或损坏予以修复。

在保险责任生效前，TIS 机构根据实际需要对建筑工程质量情况进行实地检查，将暴露的质量缺陷汇总，出具竣工复查风险评估报告。

复查阶段的检查形式可以是现场实体检查或进行用户问卷调查取证，以判断建筑项目当前质量风险变化情况。

# 三、建立 TIS 机构工作管理制度

TIS 机构工作的直接目的是通过技术服务，减少保险公司未来的赔付金额，降低因工程潜在质量缺陷产生的赔付概率。TIS 服务的核心目的是提高工程质量，提升工程潜在质量缺陷保险风险管理水平，为建筑质量保驾护航。

为了提供优质高效的 TIS 服务，TIS 机构根据委托人及相关质量风险控制要求，编制 TIS 机构相关工作管理制度，用制度管理人，依托先进仪器设备辅助，运用多种手段进行风险检查，用行之有效的风险管理经验做好服务，从而为保证优质的服务质量打下良好的基础。

**（一）TIS 机构工作基本制度**

（1）质量风险控制检查工作的基本原则：科学、独立、理性、客观、公正、专业。

（2）TIS 机构根据项目的施工进度以及质量控制的实际情况开展巡查工作。

（3）TIS 机构巡查工作工期按照合同执行，具体开始时间以委托人书面通知为准。

（4）TIS 机构在每一个关键节点都必须到场并向保险公司出具风险报告，且每个月至少到施工现场两次，并反馈有关工程信息。

（5）TIS 机构工作组编制巡查月报，包括项目存在的问题、建议措施等内容。

（6）TIS 机构由专门的风险管理项目负责人就项目进展情况每月召开一次工作汇报会，向业主汇报项目开展情况、存在问题的解决办法、下阶段工作安排等。

（7）TIS 机构工作成果应按项目各阶段形成相应的报告，以文字、表格、图像等相结合的形式，记录施工现场质量。

**（二）TIS 文件审核工作制度**

（1）TIS 服务方案由项目负责人组织编写、公司技术负责人审核。

（2）各阶段质量风险控制方案由各阶段质量风险控制组负责人编写、项目负责人审核。

（3）TIS 巡查工作月报由各阶段质量风险控制组负责人编写、项目负责人审核。

（4）初步技术风险评估报告由项目负责人组织编写、项目负责人审核。

（5）施工技术风险评估报告由项目负责人组织编写、项目负责人审核。

（6）竣工验收技术风险评估报告由项目负责人组织编写、项目负责人审核。

（7）竣工复查技术风险评估报告由项目负责人组织编写、项目负责人审核。

### （三）各阶段质量风险控制方案审核执行制度

1. 各阶段质量风险控制方案的编制

（1）一般来说，项目的各阶段质量风险控制方案分别按勘察设计及开工前阶段、施工阶段、竣工阶段、复查阶段等进行编制。

（2）勘察设计及开工前阶段、施工阶段、竣工阶段、复查阶段等质量风险控制方案应在相应专业工程巡查开始前由各阶段质量风险控制组组长负责组织编制完成。

（3）勘察设计及开工前阶段、施工阶段、竣工阶段、复查阶段等质量风险控制方案在实施前须经项目负责人批准。

（4）勘察设计及开工前阶段、施工阶段、竣工阶段、复查阶段等质量风险控制方案的编制依据包括已批准的 TIS 服务方案，与专业工程相关的合同、标准规范、设计文件和技术资料等。

2. 各阶段质量风险控制方案的执行

（1）各阶段质量风险控制方案经项目负责人批准后下发到相应质量风险控制组，作为巡查过程中的一个指导性文件。专业巡查工程师在巡查过程中按照各阶段质量风险控制方案的要求开展相应的巡查工作。

（2）各阶段质量风险控制方案在实施之前需要向被巡查单位进行交底。

（3）各阶段质量风险控制方案应根据实际情况进行补充、修改和完善。

### （四）巡查工作月报制度

（1）TIS 机构编制巡查月报，主要包括项目存在的问题、建议措施等内容。

（2）项目负责人按照规定要求组织编制巡查月报，经项目负责人签发后，报送委托人。

（3）巡查月报应真实反映工程现状和巡查工作情况，做到数据准确、重点突出、语言简练，必要时附图表和照片。

## （五）巡查例会及专题会制度

1. 巡查例会制度

（1）巡查例会是履约各方沟通情况，研究解决存在的各方面问题，由项目负责人组织的例行工作会议。

（2）巡查例会应定期组织召开，每周召开一次，在条件允许的情况下可在监理例会召开后立即进行，这样可节省参加会议人员的时间。

（3）巡查例会参加单位及人员。

1）项目负责人、有关专业巡查工程师；

2）委托人代表、建设单位代表；

3）总监理工程师、总监理工程师代表、有关专业监理工程师；

4）施工单位项目经理、技术负责人及有关专业人员；

5）根据会议议题的需要邀请设计单位及其他有关单位的人员参加。

（4）巡查例会的主要议题。

1）检查上次会议决议落实情况，检查未完成整改事项及其原因；

2）巡查工作中发现的质量问题；

3）其他需要协调的事项。

（5）会议纪要。

1）巡查例会由指定的工程师进行记录；

2）会议纪要由工程师根据会议记录进行整理，主要内容包括：①会议地点及时间；②会议主持人；③出席者姓名、单位、职务；④会议内容及决议事项；⑤其他事项。

2. 巡查专题会制度

（1）巡查专题会由项目负责人主持。

（2）巡查专题会应认真做好会前准备。

（3）巡查专题会应针对议题加以研究，做好会议记录，并整理会议纪要，由与会各方签认，下发有关各方执行。

# 第五节　安全行为要求和责任

为了保证工程安全，领导者或者管理者需要保有安全领导力。所谓安全领导力，是指运用一切资源为我所用、坚持安全导向，最终达到安全结果的能力。这就要求修炼安全领导力。

当然，光有安全领导力还不够，还需要有安全执行力。所谓安全执行力，是指贯彻组织的安全方针、安全标准，实现安全目标的能力。

在建设工程中，"安全生产"一般是指在社会生产活动中，通过人、机、物料、环境、方法的和谐运作，使生产过程中潜在的各种事故风险和伤害因素始终处于有效控制状态，切实保护劳动者的生命安全和身体健康。

也就是说，使劳动过程在符合安全要求的物质条件和工作秩序下进行，防止人身伤亡和财产损失等生产事故，消除或控制危险有害因素，保证劳动者的安全健康和设备设施免受损坏、环境免受破坏的一切行为。

工程建设过程中涉及各参建方，比如建设单位、勘察设计单位、监理单位、施工单位、监测单位等，他们需要履行各自的安全责任，遵守法律法规、部门规章、标准规范等赋予的安全职责。

根据相关法律法规要求，监理单位承担的安全责任也很重。因此，如何规避安全监理风险责任是一个永恒的主题。下面主要就安全行为要求和规避安全监理风险责任两个方面进行叙述。

# 一、安全行为要求

对于不同的参建方或者主体单位有不同的安全行为要求，所谓每个主体单位都有属于自己的安全职责，需要行使好各自安全权利、履行安全义务。不同的参建方在安全方面都需要尽职履责，同时做好安全教育也很重要，所谓安全在心、教育先行，形成人人讲安全、事事为安全、时时想安全、处处要安全的安全环境。只有这样才能保证工程的安全。

下面结合实际情况，具体介绍一下参建各方的安全行为要求。

## （一）建设单位的安全行为要求

（1）根据相关管理办法，办理施工安全监督手续。

根据《建筑工程施工许可管理办法》相关规定，建设单位申请领取施工许可证，应当具备下列条件，并提交相应的证明文件：有保证工程质量和安全的具体措施。施工企业编制的施工组织设计中有根据建筑工程特点制定的相应质量、安全技术措施。建立工程质量安全责任制并落实到人。专业性较强的工程项目编制专项质量、安全施工组织设计，并按照规定办理工程质量、安全监督手续。

（2）根据管理条例规定，参建各方应当明确各自安全责任。

根据《建设工程安全生产管理条例》相关规定，建设单位、勘察单位、设计单位、施工单位、工程监理单位及其他与建设工程安全生产有关的单位，必须遵守中华人民共和国安全生产法律、法规的规定，保证建设工程安全生产，依法承担建设工程安全生产责任。

（3）根据《中华人民共和国建筑法》（以下简称《建筑法》）规定，将委托的监理单位、监理内容及监理权限书面通知被监理的建筑施工企业。

（4）根据相关管理条例，单独列支安全生产措施费用，并及时向施工单位支付。

根据《建设工程安全生产管理条例》相关规定，建设单位在编制工程概算时，应当确定建设工程安全作业环境及安全施工措施所需费用。

（5）根据相关管理条例，向施工单位提供相关资料，并保证资料的真实、准确、完整。

根据《建设工程安全生产管理条例》相关规定，建设单位应当向施工单位提供施工现场及毗邻区域内供水、排水、供电、供气、供热、通信、广播电视等地下管线资料，气象和水文观测资料，相邻建筑物和构筑物、地下工程的有关资料，并保证资料的真实、准确、完整。建设单位因建设工程需要，向有关部门或者单位查询规定的资料时，有关部门或者单位应当及时提供。

**（二）勘察设计单位的安全行为要求**

（1）勘察单位应当说明地质条件可能造成的工程风险。

根据《危险性较大的分部分项工程安全管理规定》相关规定，勘察单位应当根据工程实际及工程周边环境资料，在勘察文件中说明地质条件可能造成的工程风险。

（2）设计单位应当按照法律法规和标准规范进行设计，防止因设计不合理导致生产安全事故的发生。

根据《危险性较大的分部分项工程安全管理规定》相关规定，设计单位应当在设计文件中注明涉及危险性较大的分部分项工程的重点部位和环节，提出保障工程周边环境安全和工程施工安全的意见，必要时进行专项设计。

（3）设计单位应当按相关规定注明涉及施工安全的重点部位和环节，并对防范生产安全事故提出指导意见。

根据《建设工程安全生产管理条例》相关规定，设计单位应当按照法律、法规和工程建设强制性标准进行设计，防止因设计不合理导致生产安全事故的发生。

**（三）施工单位的安全行为要求**

（1）根据《建设工程安全生产管理条例》相关规定，施工单位应当设立安全生产管理机构，配备专职安全生产管理人员。

（2）根据相关管理人员配备办法规定，项目负责人、专职安全生产管理人员的资料与办理施工安全监督手续的资料一致。

根据《建筑施工企业安全生产管理机构设置及专职安全生产管理人员配备办法》相关规定，建筑施工企业安全生产管理机构专职安全生产管理人员的配备应满足要求，并应根据企业经营规模、设备管理和生产需要予以增加。

（3）根据《中华人民共和国安全生产法》（以下简称《安全生产法》）规定，建立健全安全生产责任制度，并进行监督考核。

根据《安全生产法》相关规定，生产经营单位的全员安全生产责任制应当明确各岗位的责任人员、责任范围和考核标准等内容。

生产经营单位应当建立相应的机制，加强对全员安全生产责任制落实情况的监督考核，保证全员安全生产责任制的落实。

（4）根据《安全生产法》的规定对从业人员进行安全生产教育和培训。

根据《安全生产法》相关规定，生产经营单位应当对从业人员进行安全生产教育和培训，保证从业人员具备必要的安全生产知识，熟悉有关的安全生产规章制度和安全操作规程，掌握相应岗位的安全操作技能，了解事故应急处理措施，知悉自身在安全生产方面的权利和义务。未经安全生产教育和培训合格的从业人员，不得上岗作业。

（5）根据相关管理条例规定，实施施工总承包的，总承包单位应当与分包单位签订安全生产协议书，明确各自的安全生产职责并加强履约管理。

根据《建设工程安全生产管理条例》相关规定，建设工程实行施工总承包的，由总承包单位对施工现场的安全生产负总责。

总承包单位应当自行完成建设工程主体结构的施工。

总承包单位依法将建设工程分包给其他单位的，分包合同中应当明确各自的安全生产方面的权利、义务。总承包单位和分包单位对分包工程的安全生产承担连带责任。

分包单位应当服从总承包单位的安全生产管理，分包单位不服从管理导致生产安全事故的，由分包单位承担主要责任。

（6）根据《安全生产法》规定，为作业人员提供劳动防护用品。

根据《安全生产法》相关规定，生产经营单位必须为从业人员提供符合国家标准或者行业标准的劳动防护用品，并监督、教育从业人员按照使用规则佩戴、使用。

（7）根据相关管理条例规定，在有较大危险因素的场所和有关设施、设备上，设置明显的安全警示标志。

根据《建设工程安全生产管理条例》相关规定，施工单位应当在施工现场入口处、施工起重机械、临时用电设施、脚手架、出入通道口、楼梯口、电梯井口、孔洞口、桥梁口、隧道口、基坑边沿、爆破物及有害危险气体和液体存放处等危险部位，设置明显的安全警示标志。安全警示标志必须符合国家标准。

施工单位应当根据不同施工阶段和周围环境及季节、气候的变化，在施工现场采取相应的安全施工措施。施工现场暂时停止施工的，施工单位应当做好现场防护，所需费用由责任方承担，或者按照合同约定执行。

（8）根据相关管理条例规定，提取和使用安全生产费用。

根据《建设工程安全生产管理条例》相关规定，施工单位对列入建设工程概算的安全作业环境及安全施工措施所需费用，应当用于施工安全防护用具及设施的采购和更新、安全施工措施的落实、安全生产条件的改善，不得挪作他用。

（9）根据《安全生产法》规定，建立健全生产安全事故隐患排查治理制度。

根据《安全生产法》相关规定，生产经营单位应当建立安全风险分级管控制度，按照安全风险分级采取相应的管控措施。生产经营单位应当建立健全并落实生产安全事故隐患排查治理制度，采取技术、管理措施，及时发现并消除事故隐患。

（10）根据相关管理条例规定，制定生产安全事故应急救援预案，并定期组织演练。

根据《建设工程安全生产管理条例》相关规定，施工单位应当制定本单位生产安全事故应急救援预案，建立应急救援组织或者配备应急救援人员，配备必要的应急救援器材、设备，并定期组织演练。

（11）根据相关管理条例规定，及时、如实报告生产安全事故。

根据《建设工程安全生产管理条例》相关规定，施工单位发生生产安全事故，应当按照国家有关伤亡事故报告和调查处理的规定，及时、如实地向负责安全生产监督管理的部门、建设行政主管部门或者其他有关部门报告；特种设备发生事故的，还应当同时向特种设备安全监督管理部门报告。接到报告的部门应当按照国家有关规定，如实上报。实行施工总承包的建设工程，由总承包单位负责上报生产安全事故。

（12）根据相关管理规定，专项方案实施前，按规定进行安全技术交底。

根据《危险性较大的分部分项工程安全管理规定》相关规定，专项施工方案实施前，编制人员或者项目技术负责人应当向施工现场管理人员进行方案交底。

施工现场管理人员应当向作业人员进行安全技术交底，并由双方和项目专职安全生产管理人员共同签字确认。

（13）根据相关管理条例规定，对特种作业人员进行持证上岗管理。

根据《建设工程安全生产管理条例》相关规定，垂直运输机械作业人员、安装拆卸工、爆破作业人员、起重信号工、登高架设作业人员等特种作业人员，必须按照国家有关规定经过专门的安全作业培训，并取得特种作业操作资格证书后，方可上岗作业。建筑施工特种作业包括：①建筑电工；②建筑架子工；③建筑起重信号司索工；④建筑起重机械司机；⑤建筑起重机械安装拆卸工；⑥高处作业吊篮安装拆卸工；⑦其他特种作业。

### （四）监理单位的安全行为要求

（1）根据安全管理规定，编制监理规划和监理实施细则。

根据《危险性较大的分部分项工程安全管理规定》相关规定，监理单位应当结合危险性较大的分部分项工程专项施工方案编制监理实施细则，并对危险性较大的分部分项工程施工实施专项巡视检查。

（2）根据相关管理条例规定，审查施工组织设计中的安全技术措施或者专项施工方案。

根据《建设工程安全生产管理条例》相关规定，工程监理单位应当审查施工组织设计中的安全技术措施或者专项施工方案是否符合工程建设强制性标准。

（3）根据相关规定，审核各相关单位资质、安全生产许可证、安全生产管理人员安全生产考核合格证书和特种作业人员操作资格证书并做好记录。

根据《建设部关于落实建设工程安全生产监理责任的若干意见》相关规定，施工准备阶段安全监理的主要工作内容为：审查施工单位资质和安全生产许可证是否合法有效；审查项目经理和专职安全生产管理人员是否具备合法资格，是否与投标文件相一致；审核特种作业人员的特种作业操作资格证书是否合法有效。

（4）根据管理条例规定，对现场实施安全监理。发现安全事故隐患严重且施工单位拒不整改或者不停止施工的，应及时向政府主管部门报告。

根据《建设工程安全生产管理条例》相关规定，工程监理单位应当审查施工组织设计中的安全技术措施或者专项施工方案是否符合工程建设强制性标准。工程监理单位在实施监理过程中，发现存在安全事故隐患的，应当要求施工单位整改；情况严重的，应当要求施工单位暂时停止施工，并及时报告建设单位。施工单位拒不整改或者不停止施工的，工程监理单位应当及时向有关主管部门报告。

**（五）监测单位的安全行为要求**

1. 根据安全管理规定编制监测方案并进行审核

监测单位应当编制监测方案。监测方案由监测单位技术负责人审核签字并加盖单位公章，报送监理单位后方可实施。

2. 根据安全管理规定开展监测

根据《危险性较大的分部分项工程安全管理规定》相关规定，对于按照规定需要进行第三方监测的危险性较大的分部分项工程，建设单位应当委托具有相应勘察资质的单位进行监测。

监测单位应当按照监测方案开展监测，及时向建设单位报送监测成果，并对监测成果负责；发现异常时，及时向建设、设计、施工、监理单位报告，建设单位应当立即组织相关单位采取处置措施。

## 二、规避安全监理风险责任

《住房和城乡建设行政处罚程序规定》于 2022 年 5 月 1 日正式施行，该规定是在 2021 年 7 月 15 日修订生效的《中华人民共和国行政处罚法》（以下简称《行政处罚法》）框架下制定，进一步规范住房城乡建设部门的行政执法行为。在工程建设领域高质量发展的大形势下，国家对建设工程质量安全的要求越来越严格，行政主管部门的行政执法行为也逐渐规范起来。同时，需要加强监理人员规范执业，提高监理人员的质量安全意识，防范履职行政责任风险。

在现有的法治环境和条件下，没必要去抱怨监理责任扩大化，监理人员积极探索履职尽责的边界会更加有意义。

监理人员法律风险防范是一个系统工程，涉及制度设计、流程优化、组织建设、执行监督、分析评估、反馈调整等方面，需要监理人员自身提高认识，同时也需要借助外部力量共建。

监理人员在加强对工程质量安全监理方面的法律法规和标准规范的学

习基础上，结合住房和城乡建设部门对相关行政处罚的实例，深入分析工程质量和安全行政处罚的事实理由和深层次原因，从而对监理人员作出警示和防范要求。

监理人员需要结合《行政处罚法》《住房和城乡建设行政处罚程序规定》的最新规定，对拟作出行政处罚的应当提出建议。监理人员需要对在监理履职行政责任方面的管理法规、主要风险、实践中的防范重点及应对程序和措施有更全面的了解，深刻认识到国家对工程质量安全的严格要求和行政执法部门的规范执法，这样才能更好地促进监理行业更长远的发展。

监理人员必须与时俱进、不断提高执业水平、全面落实质量安全监理责任，加强监理履职风险防控工作，不断强化监理人员的安全素质和责任意识，为人民群众的生命财产安全和国家建设工程行业高质量发展贡献智慧和力量，成为工程质量安全的"守护神"。

安全监理是监理人员永恒的话题，监理的核心工作主要就是确保工程质量和安全，然而近年来监理的安全责任呈现出越来越大的趋势。工程只要出了安全事故，监理往往被问责，那么应该如何有效规避工程建设中的安全监理责任风险？相信监理人员只要做到了以下几点，就可以规避监理安全风险。

## （一）安全监理法律风险认识

### 1. 依法治安政治新高度

习近平总书记指出：发展决不能以牺牲人的生命为代价，这必须作为一条不可逾越的红线。筑牢防线、守住底线，不放过任何一个漏洞，不丢掉任何一个盲点，不留下任何一个隐患。把重大风险隐患当成事故来对待。坚持以人为本、生命至上，保护人民的生命和身体健康可以不惜一切代价。必须强化依法治理，用法治思维和法治手段解决安全生产问题。

### 2. 安全监理法律责任

（1）最新颁布的《安全生产法》贯彻了习近平总书记关于安全管理的精神：安全管理坚持党的领导。企业主要负责人是本单位安全生产第一责任人，对本单位的安全生产工作全面负责。其他负责人对职责范围内的安全生产工作负责。

（2）安全管理不仅是施工单位的事，而且也是监理及各参建单位共同的职责，并应承担各自的法律责任。

3. 随着最新颁布的《安全生产法》《刑法》的实施，法律风险愈加严峻

涉及监理人员安全责任事故罪的刑事判决属于有罪判定。主要责任有：企业主要负责人项目挂靠、项目人员配置，主要是行政处罚；项目总监：违规签发开工令、未签发停工令、工程未验收、生产安全事故未上报及对违章施工作业未有效制止；专业监理工程师：方案执行监督检查不到位、未及时发现隐患及向总监报告；监理员：违章施工作业未有效制止等。

**（二）根据安全问题情况，及时签发《安全隐患停工整改通知书》**

依据相关法律、法规、标准等，对于下列严重情况，监理单位应签发《安全隐患停工整改通知书》，并报告建设单位：

（1）依据《中华人民共和国建筑法》第七章法律责任第六十四条规定，未取得施工许可证或者开工报告未经批准擅自施工的，责令改正，对不符合开工条件的责令停止施工。

（2）依据《住房城乡建设部办公厅关于严厉打击建筑施工安全生产非法违法行为的通知》（建办质〔2017〕56号）第四点规定，对未办理施工许可及安全监督手续擅自施工项目，一律责令停工整改，并向社会公开通报建设单位及施工单位非法违法行为查处情况。造成安全事故的，建设单位要承担首要责任，构成犯罪的，对有关责任人员依法追究刑事责任。

（3）依据《危险性较大的分部分项工程安全管理规定》（住建部〔2018〕37号令）第四章第十九条规定，监理单位发现施工单位未按照专项施工方案施工的，应当要求其进行整改；情节严重的，应当要求其暂停施工，并报告建设单位。

（4）依据《关于落实建设工程安全生产监理责任的若干意见》（建市〔2006〕248号）规定，施工组织设计中的安全技术措施或专项施工方案未

经监理单位审查签字认可，施工单位擅自施工的，监理单位应及时下达工程暂停令，并将情况及时书面报告建设单位。

（5）依据《建设工程安全生产管理条例》第三章第十四条规定，工程监理单位在实施监理过程中，发现存在安全事故隐患的，应当要求施工单位整改；情况严重的，应当要求施工单位暂时停止施工，并及时报告建设单位。施工单位拒不整改或者不停止施工的，工程监理单位应当及时向有关主管部门报告。

**（三）监理单位如何规避防范安全责任风险**

安全责任大于天，因此监理单位做好安全责任风险控制工作非常重要。

1. 监理单位应制定和完善各项安全生产管理制度

（1）监理单位应设计公司级的安全管理机构，配备专职安全管理人员，安全管理人员尽职履责。

（2）监理单位应保证安全生产管理制度的落实，制定各级安全监理责任制和监理人员安全生产教育培训制度，明确各级监理人员职责，全员参与、齐抓共管、层层落实，努力做好安全监理工作。

（3）监理单位在实施工程项目监理前，宜向项目监理机构就合同和本单位对安全生产管理的监理工作要求进行交底。从公司层面让监理人员了解公司安全生产管理的监理工作要求，并落实到监理工作中去，保证安全监理工作质量。

2. 项目监理机构落实相关安全监理工作

（1）项目监理机构资源投入需要符合相关规定，并满足法定职责要求。应建立安全监理架构，制定监理人员安全生产教育培训制度，明确各级监理人员安全职责，认真做好安全监理工作。

（2）项目监理机构应编制监理规划，包括安全生产管理监理工作专篇或专门章节。监理规划应具有指导性和针对性，尤其是要对安全监理工作有实际的指导意义。

（3）项目监理机构应按照安全生产监理实施细则等加强现场巡视检查，

发现安全隐患，及时要求施工单位整改。安全生产监理实施细则应由专业监理工程师负责编制，经总监理工程师审批签字，盖项目监理机构印章后实施。

（4）项目总监理工程师要组织项目监理人员共同开展工作，充分发挥项目监理人员的主观能动性，做到岗位分工及职责划分明确，并及时做好对监理人员的交底、签名；做好量化工作，把安全工作放在第一重要位置；结合项目实际进展情况，组织项目监理人员开展针对性的学习和培训教育，并做好书面记录，参与人员均要签名。

（5）建立业主、监理、施工单位每周一次联合安全检查制度。同时接受各级建设行政主管部门的指导和监督检查，监理部门给予积极配合，共同督促施工单位加强安全生产管理，确保施工安全。

（6）项目监理机构加强对施工安全管理体系执行情况的检查。

1）要求总包单位管理体系覆盖分包单位，加强对专业分包体系的审查；

2）核查施工安全管理协议情况，包括总包、专业分包、劳务分包等；

3）检查隐患自查自纠制度落实执行情况；

4）检查项目经理、项目总工、安全负责人、安全员等到岗履职情况；

5）加强核查特殊工种持证上岗、人证合一情况；

6）加强检查作业人员教育、交底情况。

（7）组织开展项目监理机构人员的安全教育培训，尤其要加强对监理人员自身安全意识、安全行为要求的教育。因为监理人员在检查工地安全的同时，首先要确保监理人员自身安全。

为此，需要注意以下几点：监理人员进入施工现场前要正确佩戴好安全防护用品；监理人员不要盲目进入施工危险区域；监理人员不能随意操作施工机械设备；监理人员不能随意指挥、参与施工作业；监理人员对检查验收活动应形成书面记录；安全检查活动应要求施工安全管理人员陪同，等等。

3. 加强监理从业人员职业素养的培养，提高自我安全管理能力

监理人员要履职尽责，笔者认为需要做到这八个字："学、做、审、

查、改、报、停、理"。

（1）学有所用，该"学"的一定要学

监理人员一定要加强法律、法规文件、工程建设强制性标准的学习，要学法、懂法、用法。要学习《建筑法》《安全生产法》《招标投标法》《建设工程质量管理条例》《建设工程安全生产管理条例》《建设工程勘察设计管理条例》《房屋建筑和市政基础设施工程施工图设计文件审查管理办法》等，并能够灵活运用。

（2）自我管理，该"做"的一定要做

监理人员要熟悉设计图纸，向业主提出书面建议。根据工程实际情况，编制好《监理规划》和《安全生产监理实施细则》。总监理工程师组织监理人员做好《监理规划》和《安全生产监理实施细则》的交底。

（3）审查全面，该"审"的一定要审

监理人员根据工程进展情况，重点审查施工单位的安全管理体系及相关的安全管理资料。对于施工方安全资料管理混乱，未及时提交安全资料，项目监理机构一定要书面发文催促，并在监理会议上明确提出。

1）项目监理机构应根据招标投标文件、合同文件及相关法律法规等及时审查或审核施工单位报审的安全生产管理文件。

2）项目监理机构应重点审查、审核施工单位安全生产管理文件报审程序的合规性及内容的全面性、有效性、符合性，并签署审查、审核意见。

3）项目监理机构宜保留安全生产管理文件审查、审核记录。

（4）检查到位，该"查"的一定要查

监理人员要重点核查现场开工条件，以及各项安全措施是否齐备。施工单位符合开工要求后，监理人员方可同意开工。核查具体的安全隐患，发现了安全隐患及时发安全隐患通知单并要求施工单位整改。安全事故隐患的处理要求包括：

1）对待安全隐患要抓大不放小，关键在于落实。

2）及时签发停工指令。在停工指令签发给施工单位的同时，应抄报建设单位；签发后，总监理工程师还应安排专业监理工程师持续跟踪并督促整改，逾期检查整改结果，签署复查意见，如果复查不符合要求，应根据情况可采取进一步的监管措施，一直到问题得到解决为止。

3）及时填写报送安全周报。如实填写、按期报送，让相关部门及时了解现场安全情况。

4）重大情况及时上报。施工单位拒不整改或不停工整改的，总监理工程师及时上报主管部门，并抄报监理单位和建设单位。情况紧急时，总监理工程师可在第一时间通过电信手段（手机短信、微信、邮件等）报告，随后补充书面文件并报送。

（5）督促整改，该"改"的一定要改

对监理检查过程中发现的问题，比如"四口、五临边"等存在的安全隐患，项目监理机构一定要给施工单位下发《安全隐患通知单》。对于很难办或解决不了的问题要及时上报监理单位，可以寻求监理单位领导出面协助解决。在每周监理会议上一定要提出存在的安全隐患，并在纪要里写清楚。必要时项目监理机构还要组织召开安全专题会议，并形成会议纪要。

对于一般事故隐患，监理人员应口头指令或通过电信方式要求施工单位立即整改，施工单位未立即整改的，总监理工程师或专业监理工程师应及时签发监理通知单，要求施工单位限期整改。

对于重大事故隐患，总监理工程师宜在征得建设单位同意后，及时签发暂停令，要求局部或全面停工整改，施工单位拒不停工整改时，应向工程项目所在地建设行政主管部门报告。情况紧急时，应先发出口头工程暂停指令或通过电信方式发出暂停指令，事后及时追补书面暂停令。

（6）及时汇报，该"报"的一定要报

对于施工单位拒不整改的严重安全隐患，一定要及时向建设行政主管部门进行报告，使用电话报告的，要有记录。事后要及时补充书面报告，同时还要向本监理单位汇报。

重大情况向建设行政主管部门报告：

1）施工单位对监理指令拒不整改或不停工整改的，监理单位应及时报告建设单位和建设行政主管部门。

2）发现施工单位有违反相关法律、法规或者强制性技术标准规定的情况，又不能有效制止的应报告。

3）施工单位违反规定使用不符合规定的施工设备、安全防护设施，又不能有效制止的应报告。

4）施工单位使用未经批准或不按经审查批准的设计文件或安全专项方案施工，又不能有效制止的应报告。

5）当项目监理机构采取了一切可用的手段，监理指令都无法得到落实，施工安全处于失控状态，工地存在重大安全风险时，应及时向建设行政主管部门报告。

（7）发停工令，该"停"的一定要停

在具体实际监理工作中，项目监理机构要根据《建设工程监理规范》中所列的情况正确行使停工指令，并按规定及时向甲方书面报告。

项目监理机构发现下列情况之一时，总监理工程师应及时签发工程暂停令：

1）建设单位要求暂停施工且工程需要暂停施工的。

2）施工单位未经批准擅自施工或拒绝项目监理机构管理的。

3）施工单位未按审查通过的工程设计文件施工的。

4）施工单位违反工程建设强制性标准的。

5）施工存在重大质量、安全事故隐患或发生质量、安全事故的。

（8）整理资料，该"理"的一定要理

工程监理资料的整理要由专人负责，及时收集、整理归档。尤其是要建立好收发文制度。对于业主的发文、施工单位的发文，签字手续一定要规范，谁接收谁签字，坚决不能代签。

俗话说：凭在纸上，凭不在嘴上。一旦发生生产安全事故，监理保存的书面资料是自身最有说服力的举证维权凭据。

监理人员要严格按照安全监理程序开展工作，及时留下监理痕迹。

1）做好监理日志。项目监理机构应在监理日志中记录当天主要实施的安全生产管理监理工作、整改指令完成情况及其他对安全生产管理监理工作有重要影响的事项。

2）做好监理例会纪要。应定期召开监理例会，组织有关单位研究解决与安全生产管理相关的问题。项目监理机构可根据工作需要主持或参加专题会议，解决监理工作范围内安全生产管理专项问题。

3）做好监理月报。

4）及时签发《安全隐患通知单》。

5）灵活运用监理工作联系单。

6）做好安全专题汇报。

7）及时上报施工安全监理周报。

8）其他。

第二章

# 督查管理工作指南

督查工作不能光靠经验，还要有督查理论的指导，所谓理论指导实践。为此，督查机构需要在管理原则和组织架构、工作指引、自我管理等方面多下功夫。学习督查理论知识并不难，关键在于应用到实际中去，做到知行合一、学用并重。

## 第一节　督查机构管理原则和组织架构

为了更好地指导督查机构开展工作，顺利完成各项督查工作，同时让督查人员增友谊、学知识、生智慧，打造升级版的自己，提升督查人员综合素质和能力，需要结合工程实际情况，建立好督查机构管理原则和组织架构。

督查机构把在督查工作实践中积累的经验，加以总结归纳，升华为理论，形成文字成果，再用该理论指导新的督查实践工作，这是一个不断提高督查能力的过程。

### 一、项目督查机构的文化

项目督查机构的文化主要由使命、愿景和价值观组成。因此督查机构保有文化意识、行动意识非常重要。具体来说：

（1）使命：全心全意做好督查服务。

督查人员要以强烈的责任感、积极作为的精气神为业主履好职、尽好责。

（2）愿景：顺利完成督查工作目标。

愿景就是督查人员需要完成的阶段性目标。

（3）价值观：公正、理性、科学。

督查人员秉持自身的价值观，所作所为都必须与价值观保持一致，这样才能更好地完成督查任务。

## 二、项目督查机构的工作依据

项目督查机构应以法律法规、标准规范、工程勘察设计文件、建设工程督查合同、全过程工程咨询合同、施工承包合同及其他合同文件、施工组织设计、施工方案、监理规划等为主要依据，以督查人员自我管理为基础，以督查单位工程部为指导督查人员自治管理模式。督查方总部为项目督查机构管理的设计、决策、统筹协调机构和指导中心。

这里强调一下全过程工程咨询服务范围。一般来说，全过程工程咨询可分为投资决策综合性咨询和工程建设实施全过程咨询两大阶段，其中工程建设实施全过程咨询又可细分为工程勘察设计咨询、工程招标采购咨询、工程监理咨询和施工项目管理咨询。

具体来说，投资决策综合性咨询主要包括投资策划咨询、可行性研究咨询、建设项目选址论证咨询、建设项目环境影响评价咨询、节能评估咨询、政府和社会资本合作咨询等；工程勘察设计咨询主要包括工程勘察管理咨询、工程设计管理咨询等；工程招标采购咨询主要包括工程监理招标代理咨询、工程施工招标代理咨询和材料设备采购代理咨询等；工程监理咨询和施工项目管理咨询主要包括工程监理咨询、施工项目管理咨询等。除此之外，全过程工程咨询单位也可以根据委托方和工程项目的实际需求提供其他专项咨询服务，如项目融资咨询、工程造价咨询、建筑节能与绿色建筑咨询、工程保险咨询等。

## 三、项目督查机构的管理架构

总督查工程师或者其代表具体负责项目督查机构的管理。

项目督查机构是督查方对现场督查人员进行管理的最小单元。在项目督查机构中，以督查人员自我管理为基础，实行总督查工程师负责制。

督查方根据督查合同及工程实际情况和条件，规范合理配置项目督查机构人员，切实维护好建设单位和自身权益，充分利用督查方的人力资源，发挥督查专业人才优势，规范督查机构人员配置行为，更好地落实总督查工程师责任和义务，提升工程督查服务能力，保障工程质量安全，实现工程督查价值。

项目督查机构的人员数量、专业、资格应根据督查合同约定的服务内容、服务期限、工程特点、不同实施阶段、督查工作强度和工程技术复杂程度等确定。项目督查机构的人员配备应满足督查工作的需要。

## 四、项目督查机构的学习例会制度

为了把项目督查机构打造成学习型项目督查机构，激发全体督查人员学习的热情，养成终身学习的习惯，学出力量感、学出竞争力、学出价值，项目督查机构应该建立学习例会制度，并贯彻落实到位。

（1）每周安排 1 次督查人员共同学习。每周集中学习 2 小时。总督查工程师或者其代表主持，主要学习相关的法律法规、标准规范、督查合同、施工图纸、设计文件、督查方案、督查实施细则等，比如，学习相关督查方案的知识，用以指导现场督查工作，提高现场督查管理和技术服务水平和能力。学习可采用讲座或自学的方式进行。

（2）为提高学习积极性、保持学习热情、提升学习效果，督查人员应尽量安排好时间一起参加线下学习例会。必要时，也可采用线上会议的形式进行学习。

（3）鼓励有条件的督查人员利用业余时间自学，取得全国注册监理工程师、一级建造师、咨询工程师、造价工程师等执业资格证书。同时培养督查职业技能和塑造职业素养。所谓督查职业技能是指掌握并运用相关督查知识完成专业工作任务的能力。

# 第二节　督查机构工作指引

## 一、项目督查机构工作的指导思想

总督查工程师或者其代表是项目督查机构的主要领导，需要充分发挥其个人领导力（即待人、做事、立己的学问），带领和引导机构成员为完成督查目标而努力奋斗。项目督查机构人员主要以相关法律法规、督查合同及设计图纸等为依据开展督查工作。

项目督查机构应根据工程实际情况，了解工程设计思想、设计意图和特殊施工工艺要求；掌握设计单位提出的涉及危险性较大的分部分项工程的重点部位和环节，以及保障工程周边环境安全和施工安全的意见。

## 二、项目督查机构的成立及人员构成

1. 项目督查机构的成立时间
项目督查机构的成立时间根据督查合同及工程实际进展情况确定。
2. 项目督查机构的人员构成
督查方根据工程督查服务工作特点，综合考虑工程项目的类别、特点、规模、技术复杂程度、环境等因素，明确督查人员的配备。

一般来说，根据工程督查项目的实际情况，项目督查机构主要由总督查工程师、总督查工程师代表、各专业督查工程师等组成。项目督查成员应专业配套，督查人员数量应满足建设工程督查工作需要，同时保证督查工作的质量。

## 三、各级督查人员的岗位职责

1. 总督查工程师的岗位职责

（1）总督查工程师在督查方领导的直接指导下全面负责相关督查项目工作，建立督查文化，落实督查制度；

（2）代表督查方全面履行督查项目合同；

（3）主持编写督查方案、督查工作总结，制订有针对性的督查计划，合理安排督查工作，并负责指导各专业督查工程师开展工作；

（4）确定各专业督查工程师的分工和岗位职责说明书；

（5）组织各专业督查工程师进行岗前质量安全教育培训，考试合格后方可允许正式上岗，每月不定期地组织大家参加质量安全教育培训；

（6）检查和监控督查人员的工作，根据督查工程实际情况需要进行人员调配，及时引进合格的督查工程师，更换不称职的督查工程师；

（7）组织各专业督查工程师进行相应专业知识的学习，并鼓励工程师之间相互学习，创建学习型项目督查机构；

（8）组织编写督查工作报告，主持整理督查工作资料。

2. 各专业督查工程师的岗位职责

（1）认真贯彻落实督查方的使命、愿景、价值观，建立本专业督查质量安全管理体系，明确督查工作职责；

（2）各专业督查工程师在总督查工程师的领导下灵活地开展督查工作；

（3）积极地履行督查合同，定期将本专业相关信息反馈至总督查工程师；

（4）编制本专业督查实施细则，根据本专业具体情况开展督查工作，督查结束后编制本专业督查工作总结，整理本专业督查资料；

（5）根据有关法律法规、标准规范、设计图纸等资料，独立、公正、客观、科学地开展督查工作；

（6）加强廉洁文化教育，不得以权谋私，不得包庇或者刁难被督查对象；

（7）参加上岗前的质量安全培训，符合要求后方可上岗，并定期参加质量安全教育会议，配备必要的安全防护用品，确保督查人员自身安全；

（8）根据实际情况编制督查计划，科学组织、合理安排，确保质量安全督查工作符合要求；

（9）加强各自专业知识的业务学习，各专业督查工程师之间加强相互沟通，不断提高各自专业督查服务水平和能力；

（10）按要求做好各自专业督查资料的信息管理工作。

## 四、项目督查机构的工作纪律

为了加强对督查人员的管理，项目督查机构应制定工作纪律，主要纪律包括以下五点：

（1）遵循"敬畏规律、客观理性、公正督查"的执业准则。

（2）认真履行督查合同规定的责任和义务，行使其规定的权利。

（3）不同时在两个及以上督查单位担任督查工作，遵守职业道德。严格遵守工作纪律：①严禁触犯国家、省（市、区）的法律法规；②严禁收受贿赂或接受贵重礼品和礼金；③严禁向施工单位直接索贿或变相索贿，报销不正当的费用或索要加班费、补助费等；④其他情节严重的违约行为。

（4）不在施工、材料和设备供应单位兼职，不向被督查单位介绍施工单位、分包商和指定材料、设备和构配件。

（5）不泄漏所督查工程需要保密的事项。尤其是要保管好相关图纸、督查文件等。收发文及时登记，妥善保存；保管好项目章，按照相关要求使用；执行保密纪律，未经批准不得私自携带项目章、相关保密文件、图纸外出。

## 五、项目督查机构的工作制度

督查人员要做好督查工作，就要制定工作制度，用制度来保障工作的连续性、规范性和科学性。这里列举以下六点制度：

（1）遵守国家和地方的有关法律法规、标准规范等。

（2）严格落实督查方案、督查实施细则等。

（3）执行督查方的各项规章制度等。

（4）落实会议制度，组织好督查内部沟通会议、督查例会、专题会议等。项目督查机构至少每月举行两次内部沟通会议，并形成会议纪要，并按纪要内容落实到位，取得实效。

（5）督查人员按照项目部上下班时间开展督查工作，工作期间，各负其责，全神贯注地投入工作，保证工作效率。

（6）爱护公共财物，讲究卫生，保持环境干净整洁，营造良好的氛围，保持身心健康。

# 第三节　督查人员自我管理

虽然督查机构制定了一些制度，但督查人员还需要提高自身素质。只有督查人员做好了自我管理，才能做好督查工作，真正发挥自己的作用。

## 一、督查人员的知识管理

1. 项目督查机构是什么？

所谓项目督查机构，是指工程督查单位派驻工程项目负责履行建设工程督查合同的组织机构。项目督查机构是由督查工程师组成的一个小组织，其中督查人员不仅按照有关法律法规、规范标准、督查方案等学习、成长和工作，而且互学互助、实现合作共赢。

首先，它秉持一种"学会自我管理，为业主提供优质督查服务"的理念。督查人员通过学会自我管理，培养一个"更好的自己"，养成好的督查习惯，提升自身的能力和认知。

其次，它是一个企业派驻现场督查工程的组织。工程督查单位实施督查时，应在施工现场派驻项目督查机构。项目督查机构的组织形式和规模，可根据建设工程督查合同约定的服务内容、服务期限等因素确定。

最后，它由一群有着强烈做好督查工作意愿的人组成。这些督查人员专业互补、能力互补、性格互补，建立了深度的认同感、信任感，对从事的督查工作均有深厚的兴趣。

项目督查机构的每个督查人员都是宝贵的思想库、信息库、知识库、人脉库、资源库。他们诚心待人、诚心待事、诚心待己，为督查团队集体作贡献，融入项目督查机构，获得其他同事的认可，能够顺利完成自己的本职督查工作。

2. 为什么成立项目督查机构？

之所以成立项目督查机构，是因为要做好为业主服务，完成工程督查目标。督查人员之所以干督查，是因为爱这个行业。所谓干一行，爱一行。督查人员始终这样严格要求自己。为国家、社会、业主贡献自己的智慧和力量。这就要求做到两点：

第一是履行督查合同的义务和责任。项目督查机构是督查单位派驻施工现场履行督查合同的最小单元，为了完成项目督查机构的愿景而成立。

第二是为保障工程质量安全保驾护航。督查人员不忘初心，狠抓工程质量安全的督查，力争赢得各参建单位的信任。

3. 督查人员怎么干督查？

为了干好督查，笔者认为，督查人员应该要立志实践"督查人生修炼"，为了让这个"督查人生修炼"具有可操作性，笔者把它分解为可以执行的九个步骤：

一是树立好督查人生信念；

二是追求好督查精神境界；

三是锻炼好督查身心灵魂；

四是坚定好督查职业理想；

五是建造好督查知识结构；

六是准备好督查资格证书；

七是培养好督查工作技能；

八是掌握好督查领导素养；

九是践行好督查自我习惯。

笔者相信，督查人员只要按照这个"督查人生修炼"去行动，就一定能够实现有意义和价值的督查人生！

## 二、督查人员形成反省的人生态度

作为督查人员，要向内追问，是否做到了这三条：

（1）端正三观；

（2）积极学习、认真工作，养成终身学习的习惯，共同建立学习型项目督查机构；

（3）诚待同事，积极参与、融入督查方和项目督查机构这个集体，力所能及地为同事、为项目督查机构作贡献，成为一个正能量的人。

## 三、督查人员自查自检"三条"纪律约束

（1）是否按照督查合同要求履行了督查职责，履行了督查义务；

（2）是否积极深入工地现场调查研究，发现工程督查问题，分析工程督查问题，解决工程督查问题；

（3）是否及时做好相关督查内业资料，比如督查提案、周报、月报、总结等。

## 第三章

# 督查方案

督查理念是好理念，但怎么落地却是个问题。这就要求掌握编制方案的办法，培养方案意识，用方案说话，用方案体现价值。通过写方案创造价值，方案价值的本质是一种结果价值。用督查方案说话，用督查方案的高质量体现编写人员的价值，让编写人员有所成就感，激发其积极性和创造性。

督查方案是项目督查机构全面开展督查工作的指导性文件，是督查人员在实践中总结归纳出来的，用以指导督查人员更加有针对性的工作。它也是一种督查方法论。

督查人员应学会熟练运用督查方案指导工作。只有学懂它，掌握它，才能履行好督查职责。当然督查方案也是随着实践不断发展而不断完善的。在督查实践中赋予其理论意义，在督查实践中学习督查理论。所谓在督查工作中学会督查。

## 第一节　如何编制督查方案

督查人员为了做好工程督查工作，需要先编制好督查方案，用方案指导督查工作的实施。真正的督查理论只有一种，就是从督查的客观实际抽出来又在客观实际中得到了证明的督查理论，没有任何别的督查理论可以称得起真正的督查理论。

当然，脱离实际的督查理论是空洞的理论。空洞的督查理论是没有用的、不正确的，应该抛弃。

根据实际督查需要，督查方案主要包括：督查依据、督查目标导向和范围、督查组织设计及督查人员岗位职责说明书、督查制度、督查工作内容、督查方法、督查要点、督查意见及反馈建议、督查工作成果总结等九个方面。

当然，它的内容不是一成不变的，而是需要根据具体工程督查的实际进行调整的。为了让大家更好地理解督查方案的内容，下面逐一具体说明。

一是督查依据。督查人员应该做到有理有据地开展督查工作，比如，国家工程建设的法律、法规、规章及有关政策规定；主管部门批准的建设计划、规划、设计文件等。

这就要求了解督查工作依据，这是很重要的，督查人员说的话，做的事，要取得各参建方的理解，要有说服力，有理有据，用事实说话。

二是督查目标导向和范围。督查人员为了做好工作，一定要有目标导向，即所谓的目标管理。任何一个讲效率的督查人员都将督查目标管理放在首位。对于高效的督查人生，目标管理是根基、是关键，是思维管理、学习管理、时间管理和健康管理的灯塔和基石。以前有一句广告词是这么说的：如果你知道人生的方向，全世界都会为你让路。一个有目标、有使命、有愿景的督查人员，应该度过一个有意义和价值的人生。当然，每个督查人员都想拥有一个让自己充满激情和能量的目标，想发挥出自己的全部潜能。而人的潜能是无限的。

如何找到人生的使命或目标，博恩·崔西在《高效人生的12个关键点》中提出了一些工具方法，一是要每时每刻进行"理想化"实践，回想生活中最幸福的时刻、工作中最富有成效的时刻，想象未来如何重现那种状态，想象未来最理想的生活工作状态，不断细节化，印入脑海；换一个说法，如果能为自己画一幅最完美的人生图画，这幅画会是什么样子？二是要代入生命只剩下 6 个月的角色中，思考要如何改变生活、还要去实现哪些事情？三是要想象如果财务自由了，要去做哪些事情，而哪些事情会彻底不做？这三个工具可以帮助自己接近内心的渴望。

三是督查组织设计及督查人员岗位职责说明书。为了做好督查工作，设计好其组织架构很重要，同一个督查组织作用于不同的工程产生的效果不见得是一样的。督查人员明确各自岗位职责很重要，因为督查人员只有从理论上保持清醒的头脑，行动才能更加坚定。

根据工程实际需要，设立以总督查工程师为项目负责人，由装修工程督查组、电气工程督查组、给水排水工程督查组、暖通工程督查组、消防工程督查组、弱电工程督查组等构成的直线制组织形式。

四是督查制度。俗话说，一个好的制度可以让一个坏人变好，一个坏的制度可以使一个好人变坏。可见，制度的重要性。同理，对于督查人员来说，建立好督查工作制度也很重要。比如，督查实施细则编制制度，督查周报和月报编制制度，督查周、月例会制度，督查巡查制度，督查学习制度等。

五是督查工作内容。督查工作不在于形式的东西，而在于实质性的内容，所谓内容决定形式。比如，督查人员需要对工程进行督查，通过事前督查、事中督查、事后督查等手段，发现督查过程中的问题，及时处理。

六是督查方法。有效督查工作方法的熟练运用就是督查能力。督查工作方法分为内业资料检查和外业实体督查，涵盖各参建主体在工程质量安全管理等方面的履职行为。

七是督查要点。督查人员为了抓住督查工作的重点难点，学习掌握好督查要点很重要，抓住督查工程主要矛盾，工作抓重点，落实抓重点。主要从两方面下功夫：①内业资料督查工作要点；②外业工程实体督查工作要点。

八是督查意见及反馈建议。督查人员对自己的工作应该有清楚的认识，这样才能有利于督查工作的开展。比如，督查工作组根据批准的督查方案开展督查工作，每次督查后及时将督查成果形成督查报告、整改复查报告、督查成果一览表、个别案例和督查总结等。

九是督查工作成果总结。为了向委托方交付督查成果，督查人员应加强在日常督查工作中记录、收集、整理好有关督查的一系列成果，主要有：督查提案、督查周简报、督查月报、督查工作联系单、督查总结等。

从某种程度上讲，督查工作成果总结得好坏反映了项目督查机构的能力和水平，体现了其督查服务取得的成效。

# 第二节 督查方案实例

笔者认为督查人员掌握督查方案的内容和精神非常重要。

第一，它可以让督查人员更加有效地开展工作；

第二，它能够使督查人员扩充大脑的张力；

第三，它也有利于督查人员对照督查工作要求及标准，及时发现督查工作中的问题和不足。

了解督查方案的实质性内容是相当有益的，如果一个督查人员能够按照督查方案去行动的话，那么对于他提高督查综合能力会有极大的好处。

当然，不仅要按照督查方案执行，而且还要结合其他资料落实，比如，有关督查法律法规、标准规范、督查合同、督查实施细则、委托方的合理要求、设计说明及图纸等。

在改进督查方案方面，需要在督查实践中不断完善其内容，使其内容更加丰富、更加符合实际。

从系统的角度看，督查方案是一个系统，需要督查人员掌握重点工作，但它也存在不足的地方，需要不断地优化、升级、完善。

## 一、督查依据

1. 法律法规

国家工程建设的法律法规、标准规范；主管部门批准的建设计划、规划、设计文件等。

2. 合同文件

委托人与设计、承建单位签订的与督查工程相关的合同或协议，以及招标投标文件等其他合同或协议组成文件。

3. 设计图纸

经批准的施工图纸及设计说明。符合设计变更程序的修改设计通知书。

4. 验收规范

国家和地方现行的建筑工程质量验收规范。

## 二、督查目标导向和范围

1. 督查目标导向

督查业务就是指业主委托督查方对地基基础、主体结构、装修工程、设备安装等项目进行专业把关，督查方对工程质量安全提出相关优化改进意见和建议的督查管理模式。督查方专家凭借过硬的专业技术和管理能力在工程的开始及建设阶段及时发现工程问题，尤其是要把质量安全隐患消除在萌芽状态，通过前瞻性、预见性、系统性的质量安全管理举措，做到预防为主，确保工程建设能够顺利达到业主预期。

督查方根据工程的招标投标文件、合同、设计图纸等，通过事前、事中、事后督查控制手段，及时发现工程的问题，并及时解决这些问题，保证工程质量安全。

督查方在业主授权范围内代表业主对工程的质量安全进行把关，是业主在工程项目监理和咨询基础之上的又一道保障，能减少或避免业主方在项目上的重复建设，能起到管理增值服务的效果，创造更多的价值。

2. 督查范围

具体督查范围需要根据督查合同确定，具体工程具体分析。比如，这里列举装修工程、电气工程、给排水工程、暖通工程、消防工程、弱电工程等六个专业的督查范围。

# 三、督查组织设计及督查人员岗位职责说明书

## （一）督查组织设计

根据工程实际需要，设立以总督查工程师为项目负责人，由装修工程督查组、电气工程督查组、给排水工程督查组、暖通工程督查组、消防工程督查组、弱电工程督查组等构成的直线制组织形式。

## （二）督查人员岗位职责说明书

1. 总督查工程师岗位职责说明书

（1）总督查工程师在督查方指导下全面负责督查项目工作；

（2）代表督查方全面履行督查项目合同；

（3）主持编写督查方案、督查总结，制定有针对性的督查计划，合理安排督查工作，并负责督查组的日常工作；

（4）确定督查组人员的分工和岗位职责；

（5）在各专业督查工程师上岗前组织安全培训和考核，符合要求方可允许正式上岗，并每月组织安全教育会；

（6）检查和监督督查人员的工作，依据督查项目的具体情况进行人员调配，更换不称职的督查工程师；

（7）组织督查工程师进行业务学习，尤其要加强廉政教育；

（8）组织编写督查报告，主持整理督查资料。

2. 各专业督查工程师职责说明书

（1）专业督查工程师在总督查工程师领导下开展督查工作；

（2）与委托方沟通，全面履行督查合同，定期将与本专业相关信息反馈至总督查工程师和委托人；

（3）编制本专业督查方案，根据本专业具体情况开展督查工作，督查结束后编制本专业督查总结，向委托人移交督查资料；

（4）根据现行法律法规、标准规范及图纸等资料，独立、公正、科学地开展督查工作；

（5）参加廉政培训教育，不得以权谋私，不得包庇或者刁难被督查对象；

（6）参加上岗前的安全培训和考核，符合要求后方可上岗，并定期参加安全教育会，配备必要的安全用品，确保督查工作安全进行；

（7）加强督查业务学习，不断提高督查服务水平和能力；

（8）按规定做好本专业督查资料的管理和归档工作。

## 四、督查制度

### （一）督查工作制度

（1）督查工作的基本原则是独立、专业、公正、科学。

（2）督查组根据施工进度以及质量安全管理的实际需要开展督查工作。

（3）督查工作合同期，具体开始时间以委托人书面通知为准。

（4）督查组每周出一份督查周报至业主，每月出一份督查月报至业主。

（5）总督查工程师就项目进展情况每周召开一次督查组工作汇报会，向业主汇报项目开展情况、存在问题、下阶段工作安排等。

（6）督查成果应形成督查报告，以文字、表格、数据等相结合的形式，记录施工现场质量安全管理情况；督查整改意见以书面形式提出，明确问题内容及整改时限。

（7）项目督查后，督查组应在项目整改期满时组织复查，复查频率同督查频率。

### （二）督查文件编写及审核制度

（1）督查方案由总督查工程师组织编写，督查方总工程师负责审核。

（2）专业工程督查实施细则由专业督查组负责人编写，总督查工程师审核。

（3）督查工作周报由总督查工程师组织，各专业督查组负责人参与编写，总督查工程师具体审核。

（4）督查工作月报由总督查工程师组织，各专业督查组负责人参与编写，总督查工程师负责审核。

（5）督查总结由总督查工程师组织，各专业督查组负责人参与编写，总督查工程师审核批准。

**（三）各专业督查实施细则审核制度**

1. 各专业督查实施细则的编制要求

（1）专业工程督查实施细则按照督查委托合同及工程实际情况确定，比如，按装修工程、给排水工程、电气工程、暖通工程、消防工程和弱电工程等进行编制。

（2）专业工程督查实施细则应在相应专业工程督查开始前由专业工程督查组组长负责组织编制完成。

（3）专业工程督查实施细则在实施前须经总督查工程师批准。

（4）专业工程督查实施细则的编制依据，包括已批准的督查方案；专业工程相关的合同、标准、规范、设计文件、图纸等。

2. 专业工程督查实施细则的执行

（1）专业工程督查实施细则经总督查工程师批准后下发到相应专业督查组，作为督查过程中的一个操作性文件。督查工程师在督查过程中应按照专业工程督查实施细则的要求开展相应的督查工作。总督查工程师向各专业督查工程师做好相应督查实施细则的交底工作。

（2）专业工程督查实施细则在实施之前，根据实际需要，向被督查单位就主要内容进行交底。

（3）专业工程督查实施细则应实行动态管理，根据实际情况进行补充、修改和完善。

### （四）督查工作周报及月报制度

（1）督查组编制周简报，主要包括现场存在问题、整改措施、优化建议等内容。各专业督查组按督查进展定期或不定期提交各专业工程督查简报，由总督查工程师指定专人汇总各专业工程督查简报，形成一份完整的督查周简报，经总督查工程师审核后盖章报送委托方。

（2）总督查工程师按照规定要求组织编制督查月报，各专业督查组按督查进展定期或不定期提交各专业工程督查月报，由总督查工程师指定专人汇总各专业工程督查月报，形成一份完整的督查月报，经总督查工程师审核后盖章报送委托方。

（3）督查月报的编制周期为每月开始第 1 天到每月最后 1 天，在下月的 5 日前报送委托方。

（4）督查月报应真实反映工程实际情况和督查工作情况，做到数据准确、重点突出、语言简练、实事求是，并附必要的图表和照片。

（5）督查月报的格式按业主的要求或者督查方自行确定。

（6）督查周报和月报应及时报送委托方，保证及时性和实效性，以利于将督查发现的问题及时传达到相关单位进行整改，使问题形成闭环。

### （五）督查例会及督查专题会议制度

1. 督查例会

（1）督查例会是履约各参建方沟通情况，互通有无，交流信息，联络感情，协调处理矛盾，研究解决现场存在的问题，由总督查工程师或者其委托的督查工程师组织的例行工作会议。

（2）督查例会应根据实际情况需要定期组织召开，每周可以召开一次，在条件允许的情况下，可在监理例会召开后立即进行，这样方便参会人员集中统一安排时间。

（3）督查例会参加单位及人员。

1）总督查工程师、有关专业督查工程师；

2）委托人代表、建设单位代表；

3）总监理工程师、总监理工程师代表、有关专业监理工程师；

4）施工单位项目经理、项目技术负责人、项目质量负责人及有关专业人员；

5）根据督查会议议题的需要，必要时可以邀请设计单位、质安站、建设局及其他有关单位等的人员参加。

（4）督查例会的主要议题。

1）检查上次督查会议需要落实的工作，检查未完成需整改的问题及分析原因；

2）解决督查工作中新发现的问题；

3）分析工程的质量和安全方面存在的问题，提出整改措施和合理化建议；

4）其他需要协调的事项。

（5）会议纪要。

1）督查例会一般由指定的督查工程师记录。

2）督查会议纪要由督查工程师根据会议记录整理。会议纪要主要包括的内容：

①召开会议的时间及地点；

②组织召开会议的主持人；

③参加会议人员的姓名、单位、职务、联系方式；

④会议内容及决议事项；

⑤其他事项。

3）会议纪要的审签、打印和发放。

①纪要内容应真实、准确、全面，简明扼要，语言文字表达精准，文从字顺；

②纪要需经与会各方签认；

③会议纪要发放到有关各方，并应有签收手续。

4）会议纪要中的议定事项，督促有关各方在规定的时限内落实整改。

2. 督查专题会议制度

（1）督查专题会议由总督查工程师或专业督查组组长主持。

（2）督查专题会议应认真做好会前准备，提前做好功课，保有准备思维。

（3）督查专题会议应针对议题加以研究，做好会议记录，并整理会议纪要，由与会各方签认，有关各方进行落实。

### （六）督查预警制度

（1）项目督查机构及时完成督查周报，及时完成督查月报。

（2）项目督查机构将督查周报和月报及时上报给委托人，同时抄报给被督查单位，使委托人和被督查单位及时了解上周和上月督查发现的问题，起到预警作用。让督查发现的问题及时得到解决，以免错过合适的整改时机。对于下周或下月可能会出现的问题提前做好预警，预防类似问题的发生。

（3）督促被督查单位在限定期限内整改督查发现的问题，并做好问题销项台账。

## 五、督查工作内容

对督查过程中发现的问题，及时提出解决问题的建议或者方案。具体督查工作内容根据督查合同的要求有所不同。下面主要根据装修、电气、给排水、暖通、消防、弱电等六个专业工程叙述具体的督查内容：

### （一）装修工程督查工作内容

（1）对装修工程进行检查，及时发现存在的隐患和问题，提出解决问题的建议或者方案。主要包括：

1）建筑装饰装修工程必须进行设计，并出具完整的施工图纸；

2）建筑装饰装修工程所用材料的品种、规格，应符合设计要求和国家现行标准的规定，当设计无要求时，应符合国家现行标准的规定；

3）对装饰装修工程中的门窗、地面、顶棚等各项隐蔽工程进行督查。

（2）在装饰装修工程施工过程中，代表业主在授权范围内对工程设计、施工的合理性进行审核，发现存在的隐患和问题，提出解决问题的建议或者方案。

（3）及时提出装饰装修工程施工过程中发现的质量安全问题。

（4）提供装饰装修工程方面的技术咨询方案，为业主决策提供参考。

（5）建筑装饰装修设计必须保证建筑物的结构安全和主要使用功能。

**（二）电气工程督查工作内容**

（1）对电气工程进行检查，发现存在的隐患和问题，提出解决问题的建议或者方案。主要包括：

1）对管线、预留洞口、预埋管件等进行检查；

2）对主要材料，比如导管、线缆等进行质量检查；

3）对电气线路敷设安装、防雷接地、管线、桥架的敷设等进行督查。

（2）及时提出电气工程项目施工过程中的质量安全隐患。

（3）提供电气工程专业方面技术咨询方案，为业主决策提供参考。

**（三）给排水工程督查工作内容**

1. 对材料、设备的督查

（1）给排水工程所使用的主要材料、成品、半成品、构配件、器具和设备必须具有中文的质量合格证明文件，规格、型号及性能检测报告应符合国家技术标准和设计要求；

（2）所有材料、设备进场时应进行检查验收。

2. 对施工过程质量的督查

（1）检查管道穿过变形缝、楼板、墙体时是否按要求设置套管以及进行防水、防火处理；

（2）检查洁具、支架、吊架、水管等是否按有关规范标准施工；

（3）检查洁具的安装位置、标高是否与设计一致，是否满足使用要求；

（4）检查水管的位置、标高、走向是否与设计一致；

（5）检查是否存在影响日后使用和维护的问题。

## （四）暖通工程督查工作内容

1. 对施工材料、设备的督查

（1）检查施工材料、设备的品牌是否满足招标投标文件以及合同约定的要求；

（2）检查施工材料、设备的质量是否满足设计和有关规范的要求；

（3）检查施工材料、构件、设备是否存在以次充好，假冒伪劣的问题。

2. 对施工过程质量的督查

（1）检查设备、支架、风管等是否按规范施工；

（2）检查空调风管、水管的位置、标高、走向是否与施工图纸一致；

（3）检查空调设备漏风、渗水等问题；

（4）检查暖通工程施工中是否存在影响日后使用和维护的问题。

## （五）消防工程督查工作内容

1. 对材料、设备的督查

（1）检查材料、设备的品牌是否满足招标投标文件以及合同约定的要求；

（2）检查材料、设备的质量是否满足设计和国家规范的要求；

（3）检查材料、设备是否存在以次充好，假冒伪劣的问题。

2. 对施工过程质量的督查

（1）检查管道穿过楼板、墙体时是否按要求施工；

（2）检查消防管线等是否按规范牢固安装和连接；

（3）检查消防管线、疏散指示的位置、标高、走向是否与图纸一致；

（4）检查消防工程施工过程是否存在影响日后使用、维护的问题。

### (六) 弱电工程督查工作内容

1. 对施工材料、设备的督查

(1) 检查弱电材料、设备的品牌是否满足招标投标文件以及合同约定的要求；

(2) 检查弱电材料、设备的质量是否满足设计和有关规范的要求；

(3) 检查弱电材料、设备是否存在以次充好，假冒伪劣的问题。

2. 对施工过程质量的督查

(1) 检查弱电工程是否按设计及有关规范标准要求施工；

(2) 检查弱电工程的检查验收记录是否符合要求。

## 六、督查方法

督查方法主要分为内业资料督查法和外业工程实体督查法，即资料督查和实体督查。

### (一) 内业资料督查法

(1) 在委托人授权的前提下检查项目基本建设程序履行情况，形成检查记录。

(2) 在委托人和建设单位授权的前提下检查项目勘察设计、监理、施工、咨询、检测等单位的质量安全组织机构、人员配备情况，以及各项管理制度建立情况。

(3) 在委托人和建设单位授权的前提下检查施工单位的项目施工组织设计、施工方案以及应急预案的编制、审批情况，监理单位的项目监理规划、监理实施细则等编制和审批情况。

(4) 在委托人和建设单位授权的前提下检查各参建主体单位的质量、安全管理方面的有关资料，比如监理日志、监理工程师通知单、监理旁站记录、施工日志等；定期检查或抽检工程质量和安全技术资料等。

（5）在委托人和建设单位授权的前提下检查项目所用建筑材料、构配件、设备的产品合格证及出厂证明等资料。

（6）在委托人和建设单位授权的前提下检查工程变更审查合法性和合规性。

（7）内业资料检查的重点如下：

1）被督查单位是否按合同履约，以及各自职责落实情况；

2）被督查单位是否按各自管理体系执行；

3）用于工程材料的品牌、技术参数等是否符合招标投标文件及合同要求；

4）功能及安全性能试验报告是否齐全；

5）各阶段的验收资料是否及时、准确和完整；

6）资料是否反映工程真实情况，是否与进度同步。

**（二）外业工程实体督查法**

（1）检查现场施工、监理、设计等单位的关键岗位人员是否按照设计履行各自职责，保证工程实体质量。

（2）检查施工图纸、施工组织设计或专项施工方案执行情况，尤其要检查施工单位是否存在按白图施工的情况。

（3）检查监理单位质量安全管理情况，关键部位和隐蔽工程验收情况，施工工序质量检查情况。

（4）检查进场原材料、构配件、机械设备质量情况是否满足设计要求、质量标准规范等。

（5）检查工程试验检测情况，包括试验方法是否规范，试验检测频率是否符合有关规定。

（6）其他需委托的事项。

# 七、督查要点

## （一）内业资料督查工作要点

（1）检查施工单位是否建立健全施工组织机构；实际到岗履职人员是

否与合同及投标文件相符，不符时是否有变更手续、变更手续是否合法合理有效。

（2）检查监理单位是否建立健全监理组织机构：实际到岗履职人员是否与监理委托合同及投标文件相符，不符时是否有变更手续、变更手续是否合法合理有效。

（3）检查设计单位是否建立健全设计组织机构：实际到岗履职人员是否与设计合同及投标文件相符，不符时是否有变更手续、变更手续是否合法合理有效。

（4）检查施工单位主要技术和管理人员考勤状况：项目经理、项目技术负责人、项目安全负责人、项目质量负责人等考勤状况是否符合要求。

（5）检查监理单位人员考勤状况：项目总监、总代、专业监理工程师、监理员等考勤状况是否符合要求。

（6）检查施工组织设计、专项施工方案编审情况：施工组织设计、各专项施工方案是否编制，须经专家论证的方案是否通过专家论证，专家是否签字，报批是否有效完善。

（7）检查施工单位、监理单位、勘察设计单位、检测单位各种技术管理资料的及时性、真实性、准确性、完整性等。

## （二）外业工程实体督查工作要点

"人机料法环"是对全面质量管理理论中的五个影响因素的简称。这五大要素中，人是处于中心位置和驾驶地位的，就像行驶的汽车一样，汽车的四只轮子是"机""料""法""环"四个要素，驾驶员这个"人"的要素才是主要的。

一个工程如果机器、物料、加工产品的方法好，并且周围环境也适合建设，但这个工程没有合格的作业人员的话，还是无法顺利进行工程建设。

1. 装修工程督查工作要点

（1）外墙保温与墙体基层的粘结强度应符合设计和规范要求。

（2）抹灰层与基层，各抹灰层之间应粘结牢固。

（3）门窗安装应符合设计要求且安装牢固。

（4）推拉门窗扇应安装牢固，并安装防脱落装置。

（5）饰面砖粘贴应牢固。

（6）饰面板安装应符合设计和有关规范要求。

（7）护栏安装应符合设计和有关规范要求。

2. 电气工程督查工作要点

（1）电动机等外露可导电部分应与保护导体可靠连接。

（2）灯具的安装应符合设计及有关规范要求。

3. 给排水工程督查工作要点

（1）管道安装应符合设计和有关规范要求。

（2）地漏水封深度应符合设计和规范要求。

（3）管道穿越楼板、墙体时的处理应符合设计和规范要求。

4. 暖通工程督查工作要点

（1）风管的强度和严密性应符合设计和有关规范要求。

（2）风管系统的支架、吊架、抗震支架的安装应符合设计和有关规范要求。

（3）风管穿过墙体或楼板时，应按有关要求设置套管并封堵密实。

（4）空调水管道系统应进行强度和严密性试验。

（5）空调制冷系统、空调水系统与空调风系统的联合试运转及调试应符合设计和有关规范标准要求。

（6）防排烟系统联合试运行与调试后的结果应符合设计和规范要求。

5. 消防工程督查工作要点

（1）消防管道在竣工前，必须对管道进行冲洗。

（2）消防水泵接合器和消火栓的位置标志应明显，栓口的位置应方便操作。

（3）室内、外消火栓安装应符合设计和有关规范要求。

6. 弱电工程督查工作要点

（1）弱电施工单位需用图纸和弱电工程施工方案指导施工，保证弱电工程实体的施工质量。

（2）施工现场电气工程负责人必须到位履职，加强对弱电工程外业的检查，发现弱电工程质量安全问题及时解决。

## 八、督查意见及反馈建议

（1）督查组根据批准的督查方案和实施细则开展督查工作，及时形成督查成果，比如，督查方案和实施细则交底文件、督查周计划、督查周报、督查月报、整改复查督查报告、督查培训教育记录、督查总结等。

督查报告、整改复查督查报告、督查总结以文字、表格、图像、数据等相结合的形式，记录施工现场质量、安全管理情况；督查整改意见以书面形式提出，明确整改问题内容和部位以及整改时限。督查成果同时提供给委托方，并对督查成果的真实性和准确性负责，后续的督查对前次督查发现的问题进行及时跟踪检查，将检查的结果进行如实记录，并反馈给委托方。

（2）督查组每周定期召开督查例会，总结本周督查情况和制订下周督查计划，每周编写质量、安全督查总结，督查总结经总督查工程师签署后报给委托方，并抄报给被督查单位，以便各相关方了解督查工作成果，加强沟通，形成合力，共同顺利搞好工程。

## 九、督查工作成果总结

为了给委托方交付督查成果，督查人应加强在日常督查工作中收集、整理好有关督查的一系列成果，主要有：督查提案、督查周简报、督查月报、督查工作联系单、督查总结等。督查工作成果总结包括但不限于以下内容：

### (一) 工程概况

(1) 工程建设基本情况：督查工程的位置、规模及主要的单位工程、分部工程等；

(2) 参建各方：参与工程建设的建设、设计、咨询、监理、施工等单位。

### (二) 督查工作说明及统计情况

(1) 介绍督查交底的时间，首次督查、末次督查时间；

(2) 统计总的督查次数、出具的督查报告份数、发现的隐患问题总数。

### (三) 质量问题、安全隐患的统计及归类

(1) 说明督查的主要内容，包括质量、安全及其他相关方面；

(2) 先对各种隐患按一定标准进行分类，统计各种隐患分别出现的次数；

(3) 编制质量问题明细表；

(4) 列出安全隐患明细表。

### (四) 巡查的依据及方法

(1) 说明督查方在巡查过程中所依据的资料；

(2) 说明督查方所采取的巡查方法，比如目测、测量、试验、资料检查等；

(3) 说明督查方在督查过程中的信息流通方式。

拟定的信息流程如下：督查组根据批准的督查方案和督查实施细则开展督查工作，每次督查后均及时将督查成果整理汇总并形成督查工作报告，并报委托方，后续的督查工作将对前次督查发现的问题进行跟踪检查，以了解问题整改情况，并将情况及时反馈给委托方。

总督查工程师或者其代表每周定期召开督查例会，积极总结本周督查工作情况和部署下周督查工作计划，每周组织编写质量安全督查工作总结，将督查周报及月报适时地报送委托方，根据现场施工进度情况及委托方的指示，制定下周督查工作计划，以计划促进督查工作的开展。

## （五）总结评价

督查方根据工程的具体情况，积极主动地对工程的质量、安全进行评价，要求评价客观、实事求是。

## （六）合理化建议

督查方根据发现的质量问题和安全隐患提出合理化建议。某种程度上讲，提出合理化建议的水平和能力反映督查方的态度和素质。督查方在提出问题的同时，还需要提出解决问题的方案。

## 第四章

# 督查实施细则

如果说督查方案是做好督查工作之道，那么督查实施细则就是做好督查工作之术。督查方案和督查实施细则是道和术的关系。督查实施细则是由督查专业工程师编制，总督查工程师审核批准执行的。

督查实施细则是操作性文件，它是指导督查工程师开展督查工作的重要文件。专业督查工程师应根据督查方案，结合督查工程项目的特点编制督查实施细则。当然，不在于是否编制了督查实施细则，而在于是否按照督查实施细则去做，保证了督查工作效果。所谓做我所写，写我所做。

## 第一节　关于如何编制工程督查实施细则的思考

笔者认为，督查工程师编制好工程督查实施细则的确很重要。因为这对于提高督查理论水平和指导督查实践有很大的好处。

第一，它可以让督查工程师的工作更有可操作性，不会漫无目的地工作；

第二，它能够使督查工程师有机会学习督查理论，熟悉督查依据，提高督查工作的本领；

第三，它也有利于反思自己的日常督查工作，检查督查工作效果，提升督查实践能力。

编写好工程督查实施细则是相当有益的，如果一个督查工程师能够编制好本专业工程督查实施细则，那么对于他提高督查工作能力和水平是非常有帮助的。在编写工程督查实施细则的过程中，收集好督查工作资料，并整理成文字，是促进做好督查工作的引子。

当然，光是编制好它还不行，还要按照工程督查实施细则的内容和精神去行动，所谓知行合一。知为行之始，学为用之先。如果编制的工程督查实施细则只是放在抽屉或者柜子里，不拿它指导工作，那么就不能发挥作用，也就失去了编制工程督查实施细则的意义了。

在改进工程督查实施细则上，督查工程师还需要结合政府相关法律法规、规范标准文件、督查方的管理规章制度、委托方的要求等去完善，并真正落实相关工作，力争督查工作获得各参建方的认可。

从系统的角度看，工程督查实施细则是督查工作文件的一个重要组成部分，需要对其保持清醒的头脑，很多督查工作还需要根据实际情况和条件去认真执行，灵活地运用督查理论。把督查工作看成是一个系统，用系统的观念去看待它，同时还要用联系和发展的观点分析它。只有这样，才能切实做好督查工作。

工程督查实施细则不是一成不变的，而是根据不同的工程特点和情况而变化的。同一个工程处在不同的督查阶段，工程督查实施细则内容的侧重点也不同。比如，在装修阶段督查中，需要编制装修工程督查实施细则；在电气阶段督查中，需要编制电气工程督查实施细则等。

根据实践经验总结，笔者认为掌握工程督查实施细则的内容很重要，其内容主要包括六点：工程概况、督查依据、督查工作范围、督查工作流程、督查工作方法、督查技术要点。

当然，它的内容也要根据专业工程特点而有所不同。比如装修工程督查实施细则和消防工程督查实施细则包括的内容就不同，所谓具体情况具体分析。

# 第二节　工程督查实施细则范本

为了更好地指导工程督查工作，督查工程师需要编制好工程督查实施细则，作为指导督查工作的可操作性文件。一般来说，督查实施细则主要包括：工程概况、督查依据、督查工作范围、督查工作流程、督查工作方法、督查技术要点等。这里就督查工程实施细则共性的内容叙述下：

## 一、工程概况

根据工程督查实际情况填写。

## 二、督查依据

（1）经批准的设计图纸。
（2）施工合同。
（3）设计交底、图纸会审。
（4）有关专业施工技术规范及安全操作规程。

## 三、督查工作范围

根据督查合同、设计图纸、委托方要求等确定。

## 四、督查工作流程

为了做好督查工作，督查人员需要明确督查工作程序和流程。

（1）熟悉有关法律法规、标准规范、招标投标文件、合同文件、设计图纸等。

（2）了解工程原材料、构配件、设备等质量情况，对工程质量进行督查。

（3）收集整理有关工程质量、安全等问题，提出问题的解决方案和建议。

（4）根据实际问题需要，积极主动地向业主提出正式的书面报告。

（5）及时主动收集业主的意见和建议，并积极妥善处理好。

## 五、督查工作方法

督查人员根据实际需要运用工作方法开展工作，工作主要分为内业资料督查和外业实体督查两种方法。

1. 内业资料督查方法

（1）检查项目施工、监理、设计等单位有关工程管理体系的建立情况。

（2）检查施工单位的作业指导书是否编制。

（3）检查监理单位监理实施细则、监理月报是否及时编制。

（4）检查工程材料、设备的产品合格证及出厂证明等证明材料。

2. 外业实体督查方法

（1）工程的原材料、构配件、半成品、成品等是否符合设计及有关规范的要求。

（2）工程的施工工艺是否符合施工图纸、施工方案的要求。

（3）隐蔽工程是否符合设计及有关规范要求。

（4）如对工程施工质量或进场材料有异议，应建议委托人要求检测单位补充检测。

（5）其他由委托人委托的事项。

## 六、督查技术要点

（1）检查工程的设计是否符合现行国家规范标准，设计深度是否满足使用要求。

（2）检查工程进场材料、构配件、设备、成品是否符合图纸及合同的要求。

（3）检查工程的施工质量是否符合图纸、国家规范及有关标准要求。

（4）检查工程的施工工艺是否符合施工图纸及规范标准的要求。

（5）检查工程验收是否按相关规范和标准进行，验收记录是否及时形成。

（6）检查工程资料的真实性、准确性、完整性。

## 第五章

# 政府购买监理巡查服务

为贯彻落实《国务院办公厅转发住房城乡建设部关于完善质量保障体系提升建筑工程品质指导意见的通知》，强化政府对工程建设全过程的质量监督，探索工程监理企业参与监督管理模式。《住房和城乡建设部办公厅关于开展政府购买监理巡查服务试点的通知》，决定开展政府购买监理巡查服务试点。

政府积极主动地推动，监理企业具体落地实施现场巡查服务，实现监管融合的尝试性实践，这是创新监管模式之举，也是健全监管体系的有效探索，值得鼓励和倡导。

## 第一节　政府购买监理巡查服务导向

监理的含义本身就包含了监督这层意思，它也意味着是政府监督的延伸。因此，政府购买监理巡查服务就是顺理成章的事了，所谓水到渠成。这也是我第二本书《中国建设监理与咨询的理论和实践》中提到的相关内容的细化和完善。为此，建议读者可以把第二本书和这本书结合起来读。同理，也可以把第一本书（即《工程管理方法论》）和第二本书结合起来学习，所谓系统学习法。这样有利于全面深入地学习了解这三本书的内容和精神，理解它们的相关性。

## 一、涉及监理巡查服务的政策文件

（1）2014年11月，民政部、财政部发布《关于支持和规范社会组织承接政府购买服务的通知》（财综〔2014〕87号），政府购买服务工作进入全面推进的繁荣发展期，全国31个省、自治区、直辖市均已出台省一级或直辖市、自治区一级政府购买服务的指导意见，政府购买服务被广泛应用于各领域的公共服务供给制度安排之中。

（2）2017年7月，住房和城乡建设部下发了《关于促进工程监理行业转型升级创新发展的意见》（建市〔2017〕145号），该意见中的主要任务之一是引导监理企业服务主体多元化。文件中提出："鼓励支持监理企业为建设单位做好委托服务的同时，进一步拓展服务主体范围，积极为市场各方主体提供专业化服务。适应政府加强工程质量安全管理的工作要求，按照政府购买社会服务的方式，接受政府质量安全监督机构的委托，对工程项目关键环节、关键部位进行工程质量安全检查。适应推行工程质量保险制度要求，接受保险机构的委托，开展施工过程中风险分析评估、质量安全检查等工作。"

（3）2019年9月，住房和城乡建设部发布《关于完善质量保障体系提升建筑工程品质的指导意见》（国办函〔2019〕92号），该意见指出：强化政府对工程建设全过程的质量监管，鼓励采取政府购买服务的方式，委托具备条件的社会力量进行工程质量监督检查和抽测，探索工程监理企业参与监管模式，健全省、市、县监管体系。

（4）2020年5月，住房和城乡建设部建筑市场监管司发布《政府购买监理巡查服务试点方案（征求意见稿）》（建司局函市〔2020〕109号），指导地方开展政府购买监理巡查服务试点工作。从某种意义上讲，这也标志着政府购买监理巡查服务进入了全面实施阶段。

（5）2020年9月，住房和城乡建设部办公厅发布《关于开展政府购买监理巡查服务试点的通知》（建办市函〔2020〕443号），决定在江苏、浙江和广东的部分地区开展政府购买监理巡查服务试点。通知中，对监理巡查服务的服务定位、能力要求、购买主体、购买方式、成果应用、履约评估进行了要求。

## 二、积极努力向第三方服务方向定位

经过多年的发展，监理人员为保障工程的质量安全，提高工程建设管理水平，作出了相应的贡献，取得了来之不易的成就。近年来，《中共中央 国务院关于进一步加强城市规划建设管理工作的若干意见》《国务院办公厅关于促进建筑业持续健康发展的意见》和《中共中央 国务院关于深化投融资体制改革的意见》等一系列重要文件一再强调了工程监理的重要性，从国家层面体现了监理行业在建筑业的地位。

随着供给侧结构性改革、建筑业改革和工程建设组织模式变革的不断创新发展，建筑业提质增效、转型升级的需求非常紧迫和必要。监理人员要掌握建筑行业发展的客观规律，预判其发展趋势，顺势而为，充分把握国家、行业、人民对监理人员的期待和要求，克服监理行业在发展过程中遇到的困难和挑战，积极寻求解决问题的办法。

监理行业的高质量发展是一个系统工程，首先我们要搞清楚监理存在的意义、目的和价值。大家常说规划是龙头、设计是灵魂、施工是主体。

那么监理究竟是什么？根据笔者的理解：所谓"监理"就是指受聘于监理单位的监理人员在项目监理机构中运用监理大纲、监理规划、监理实施细则等文件开展工作的人或组织。当然，它的定义也不是一成不变的。

监理的主要贡献是什么？监理人员还要深入思考、形成共识，并向社会宣传好监理的文化和价值观，弘扬监理正能量，让社会了解监理、支持监理。

　　怎么干监理？这的确是深层次的问题。这就涉及方法论的问题。方法论就是关于人们认识世界、改造世界的方法的理论。具体到监理工作来说，监理工作方法论就是根据建设监理知识、思维和监理工作现状，主要以解决监理工作问题为目标地认识监理工作、改造监理工作的方法理论，涉及任务、工具和方法等。

　　监理人员掌握监理工作方法很重要。

　　首先，要真正理解什么是监理工作方法，然后在实际监理工作中运用。所谓方法要转化为能力，关键在于应用。

　　其次，在运用监理工作方法的过程中，需要不断地发现矛盾或问题，并解决问题。在这样不断重复过程中，方法就被理解，并不断地熟练运用。

　　最后，要多总结，多体会，达到方法和效果的统一。这样才能真正做到学以致用。监理工作方法在工程建设中的应用，主要有旁站、巡视、平行检验、见证取样四种方式。除此之外，还有审查、监理指令、报告、验收等。

　　总之，干好监理是有方法的，只有熟练地运用好监理工作方法，才能够做好监理工作。这也是笔者为什么强调方法重要性的原因。

## 三、政府购买监理巡查服务的需求

　　监理巡查服务是工程项目咨询行业近年来拓展的全新服务，简单来说就是：大型项目工程企业为方便对项目施工安全情况、施工进度、施工质量等进行监查，为确保监查工作的科学性与公正性需要项目工程咨询服务企业提供的监查服务。

　　现阶段的监理巡查服务通常被大型项目工程企业所采用，监查的范围也仅是项目工程施工阶段的安全质量检查。随着大型项目工程企业的快速发展以及项目工程管理的不断完善，监理巡查服务的应用范围也在逐渐扩大。

## 四、政府采购监理巡查服务的发展趋势

第三方巡查是近年来政府倡导的工程咨询行业拓展的新型服务领域，其相关成形的经验较少，监理企业作为独立于建设单位和施工单位的第三方监管单位，常年奋战在建设工程施工监管第一线，在工程质量和安全监管方面有充足的人力资源和技术储备，随着政府购买第三方服务需求的不断增大，给监理企业转型升级带来了机遇。部分地方已出台文件对部分工程项目不再强制要求监理，符合条件可不聘用监理，实行政府购买服务委托监理。

2018年9月，住房和城乡建设部修订的《建筑工程施工许可管理办法》删去了第四条第一款第七项"按照规定应当委托监理的工程已委托监理"。这是本办法中唯一涉及"监理"的内容，这也是本次修改中的最大看点。2020年，广州、北京、成都、天津、上海、厦门等住房城乡建设部门已相继发文，部分工程项目不再强制要求进行工程监理。主要是指投资简单低风险工程建设项目，部分社会投资项目，建设单位具备管理能力。

2020年3月10日，广州市住房和城乡建设局下发通知，明确社会投资简易低风险工程建设项目，不要求强制外部监理，实行政府购买服务委托监理。

2020年2月20日，北京市住房和城乡建设委员会发布《关于优化本市建设单位工程建设管理工作的通知》，自3月1日起执行。建设单位具备管理能力的，可不聘用工程监理：（1）地上建筑面积不大于$10000m^2$；（2）建筑高度不大于24m，功能单一、技术要求简单的社会投资新建、改扩建项目及内部装修项目（地下空间开发项目和特殊建设工程除外）；（3）总投3000万元以下的公用事业工程（不含学校、影剧院、体育场馆项目）；（4）建设规模$50000m^2$以下成片开发的住宅小区工程；（5）无国有投资成分且不使用银行贷款的房地产开发项目。

对可不聘用工程监理的项目，其建设单位不具备管理能力时，可通过

购买工程质量潜在缺陷保险、由保险公司委托风险管理机构的方式对工程建设实施管理。

成都市住房和城乡建设委员会下发文件：（1）部分社会投资项目，不再强制要求进行工程监理。总建筑面积不大于 5000m²、建筑高度不大于24m、功能单一、技术要求简单、地基基础简单的建设项目。园区内符合区域规划环评且不涉及危险化学品等需要特殊审批的总建筑面积不大于20000m² 的厂房、仓储、研发楼等生产配套设施项目。（2）鼓励有条件的建设单位实行自管，或全过程工程咨询服务。（3）建设单位实施自管模式的社会投资项目，在办理施工许可时不再提供监理单位有关资料。

## 五、政府购买监理巡查服务以提升自身监管能力

建筑业在我国各行业中属于高危行业，每年都发生大量的建筑安全事故并造成了严重的后果，如人身伤亡、财产损失。随着工程项目大型化、复杂化的发展趋势，施工过程中的安全隐患也在不断增加，而一旦发生安全事故，后果将非常严重。

改革开放以来，我国建筑业发展规模不断扩大，而政府部门由于受制于行政机构或事业单位性质的影响，监管机构和监管人员总数相对保持稳定，未随监理工程数量增加而同步增长，使得质监站、安监站从事建设工程监督的监管模式难以适应日益扩大的基建规模与先进的建设技术，出现政府监管不力、监督工作缺乏专业性与客观性、监督机制不健全等问题。政府通过购买监理企业等专业性强的社会单位提供的第三方巡查服务，可以很好地弥补政府主管部门力量不足的问题。

### （一）政府购买监理巡查服务的实践意义

（1）检查权与处罚权分离。政府监管过程中，主管部门可以对建设工程进行监督检查和行政处罚。检查权要求权利主体具有较高水平的专业知识技能，行政处罚权则要求权利主体依法行政。主管部门购买第三方巡查

服务，即将其"检查权"部分权利委托给相应的专业公司和专家团队，发挥其技术优势，双方配合，各尽其职。

（2）增强检查专业化。政府购买监理巡查服务，引入专业化工程咨询单位，设置"专家组"从事具体工作，让专业的人做专业的事，以弥补政府监管部门在专业技术上的不足，保证检查结果具体、真实、客观，具有参考性和借鉴性。

（3）推进行政体制改革。在"全面深化改革"的大背景下，党的十八届三中全会明确提出了深化行政体制改革的方向，要求转变政府职能，建设服务型政府。在全面推行政府购买服务的背景下，提出购买建设工程第三方巡查服务理念，不仅是大改革之下的一小步，也符合行政改革的"简政放权"思想。

**（二）政府购买监理巡查服务的优势**

（1）弥补政府主管部门力量不足。在国家大力推行政府向社会力量购买服务的新形势下，建设工程安全生产监管也可以引入政府购买，推行政府购买服务，解决在监管过程中人员和技术力量不足的问题。政府购买服务按照一定方式和程序，交由具备条件的社会力量承担，并由政府根据服务数量和质量向其支付费用。同时引入竞争机制，政府通过公开招标，以合同委托等方式向社会购买。

（2）促进建设工程管理规范化、标准化、科学化。通过政府购买监理服务实施监理巡查服务，制定合理的检查情况表及量化评分表，为政府主管部门统一检查标准、进行施工安全标准化监管工作提供技术支持；巡查服务单位在汇总安全隐患的同时，借鉴国内外先进的安全管理经验，提出针对性的解决方案，并跟踪施工工地进行改进，切实提高施工工地的安全管理水平，促进建设工程管理的规范化、标准化和科学化。

（3）减少政府检查机构与参建单位冲突。以往检查中，政府检查机构的强势地位容易造成与参建单位个别人员的冲突，激化矛盾；巡查服务单位接受政府委托进行检查，处于中立地位，比较容易沟通和协调。在进入现场检查、要求参建方提供资料、配合检查过程中，与受检方地位平等，易于沟通协商，利于参建各方与政府检查机构单位减少矛盾和纠纷，共同为工程建设服务。

（4）促进查罚职权分离。有利于解决政府的检查权与处罚权分离、人员和技术力量不足、专业性不强、容易流于形式等老大难问题，提升监管效率。

（5）促进监理行业发展。吸纳专业人才有利于政府引入专业的工程监理集中到必须实行监理的工程中，更好地发挥监理的作用，从而确保工程质量和安全，有效缓解日趋严峻的建筑质量安全形势；有利于进一步探索监理服务的新模式，吸引更多的优秀人才加入监理队伍，从而促进监理行业的创新发展。工程监理成为建筑工程五方责任主体之一，不仅要承担合同义务，而且要承担工程质量法定责任。

## 六、监理咨询管理的最高境界是管理工程的一切，助力政府做好监管

监理咨询企业除了为业主提供专业服务外，还可以充分发挥监督的作用，助力政府监管。当前尤其需要完善工程监理咨询制度，进一步明确监理咨询责任和义务，设计好监理咨询岗位职责说明书，提高监理咨询能力和水平，让监理咨询市场更加规范透明，优化市场环境，营造良好的营商环境。积极鼓励监理咨询企业参与城市更新行动、新型城镇化建设、绿色建筑监理、环保工程监理、乡村振兴、国际工程咨询等。积极鼓励监理咨询企业通过政府购买服务方式参与工程质量安全监督检查，让监理咨询在质量安全管理方面作出有意义的贡献。在铁路工程等领域推广重大工程建设项目监理向政府报告工作制度。推进监理行业标准化、信息化、数字化、智能化建设，有关行业协会、监理企业、科研院所等单位共同研究制定工程监理相关团体标准、企业标准，稳步地推进 BIM 技术、人工智能、物联网、区块链等现代信息技术在工程监理中的灵活应用。

随着元宇宙的逐渐发展，建筑行业应该结合元宇宙发展情况，建立起建筑的元宇宙。比如，元宇宙对工程装修的意义。工程装修方案阶段：设计师根据业主或者建设单位的需求设计方案，在元宇宙的相应房子里面根据方案做好装修，业主戴上 VR 眼镜身临其境地体验装修后的效果，并可在体验过程中根据使用情况变更相关家具和材料等。装修施工阶段：施工单位根据建筑模型计算工作量，做好具体计划安排，并且就工程重点难点疑点模拟施工，思考如何解决这些问题，同时协调各参建方，这样可以更好地组织施工，达到节约材料、保证质量的效果。

随着城市化进程快速发展，建筑工程的体量越来越大，与此同时，政府监管力量跟不上形势的变化，远不能满足政府对工程质量安全监管的需求。

当前质量安全生产形势依然严峻。2020 年 9 月，住房和城乡建设部发布《住房和城乡建设部办公厅关于开展政府购买监理巡查服务试点的通知》，在江苏省苏州工业园区、浙江省台州市、广东省广州市空港经济区等 5 个城市（区）开展政府购买监理巡查服务试点。承担监理巡查服务的企业采用巡查、抽检等方式，针对建设项目重要部位、关键风险点，抽查工程参建各方履行质量安全责任情况，向政府报告发现的违法违规行为，对质量安全隐患提出处置建议。四川、山东、安徽、西藏等地近几年也开展了多种形式的巡查工作，积累了一定的经验和成效，为以后类似工程巡查服务提供借鉴和参考。

试点开展以来，取得了显著的效果，监理巡查单位积极发挥监管优势，为政府提供了优质高效的服务。在巡查工程质量和安全等方面发挥了重要作用，促进了工程的顺利进展。政府通过购买监理巡查服务，既可以弥补政府监管人员不足，又可以补足其专业技术和管理能力不强的问题，从而有效提高政府监管质量，强化政府对工程建设的质量监管，有效防范化解工程履约和质量安全风险，保证工程质量安全监管效果。

在政府购买监理巡查服务模式下，监理巡查单位跟各参建方责任主体没有隶属关系，能够做到客观、公正、理性地对监管工程进行评估、反馈巡查发现的问题和意见，为政府提供真实、准确、可靠的决策依据。唯物辩证地看待参建各方主体在工程建设中的作用和价值，发现参建各方在工程建设过程中优势和不足，以及进步的潜力，从而进一步细化监管工作，提升监管工作能力。

通过积极总结在巡查服务中发现的普遍性问题，总结归纳出解决问题的经验，各相关参建单位可借鉴该经验实践到自身管理工作中，做好事前预控，做到预防为主，避免发生各种风险。同时监理企业巡查的是工程所有参建各方履行质量安全责任情况，这也有助于监理企业拓宽工程管理的眼界和见识，极大地提升监理工作管理能力和水平，加快培养复合式监理人才。监理企业要把握好"放管服"改革机遇，秉持以保障质量安全为使命，以创新监理为动力，以市场需求为导向，履行好监理的职责和义务，行使好监理权利，当好全过程监理咨询工程卫士和建设管家。

政府购买监理巡查服务既符合政府"放管服"改革导向，又满足市场需求，同时也为监理企业多元化发展提供了新的方向和目标。随着政府购买监理巡查服务需求的不断增大，也将给监理企业转型升级带来更多的机遇和挑战。监理人员要积极主动地探索监理服务模式，扩大监理服务主体范围，提高监理服务能力，实现监理人员的价值。监理人员的最高境界是未建"监"知。

# 第二节　政府购买监理巡查服务理论

所谓巡查，字面上的意义是指巡视和检查。而巡视是指巡行视察。具体到工程建设来说，主要是指建筑工程监理活动中，监理人员对正在施工的部位或工序进行的定期或不定期的监督活动。而检查是指为了提出问题而认真细致地观察。

政府购买服务是指政府各级建设行政主管部门、政府投资工程集中建设单位或承担建设管理职能的事业单位，为防范化解工程履约和质量安全风险，提升建设工程质量水平，确保安全生产，按照政府采购法招标投标有关规定，确定具有监管和监测能力的企业，对建设工程项目开展监督检查服务工作。

巡视工作就是要提出问题和反馈问题。巡视发现的问题线索，但凡各参建方有违法违规行为的，巡查组需要尽职履责对发现的质量和安全问题零容忍。不能大事化小，小事化了。无论施工单位有多强势，只要现场发现存在的质量和安全问题，都要及时提出来，并要求其处理。对发现的问题要及时跟进，有问题、有漏洞就要及时处理。因为没有解决不了的问题，就怕发现不了问题，或者发现了问题不暴露。

只要能够有效预防安全问题，发现安全隐患及时解决，就能够保证施工安全。如果知道有多少种安全方法，又知道哪种安全方法适合哪些问题，有目的地、主动地选择安全方法，就一定能够达到解决安全问题的目的。

政府购买监理巡查服务不仅可以满足社会发展需求，而且能够推动我国建筑行业创新和改革工程项目质量安全管理模式。作为工程项目监理巡查服务行业的一员，监理企业需要正确认识到，开展政府购买监理巡查服务，不仅能够为监理行业提供发展市场，而且能够推动监理企业快速发展。

监理企业需要按照政府对工程项目质量安全监管的要求，对工程项目的关键部位、关键环节开展质量安全巡查工作，并形成工程项目巡查报告。监理企业需要认清社会发展趋势，抓住革新发展机遇，实现监理企业新的突破。

## 一、巡查依据

为了做好巡查工作，需要熟悉巡查工作依据，所谓巡查依据。巡查依据包括但不限于以下几点：

（1）《中华人民共和国建筑法》；

（2）《建设工程质量管理条例》；

（3）《建设工程安全生产管理条例》；

（4）《国务院办公厅关于促进建筑业持续健康发展的意见》（国办发〔2017〕19号）；

（5）《住房城乡建设部关于促进工程监理行业转型升级创新发展的意见》（建市〔2017〕145号）；

（6）《国务院办公厅转发住房城乡建设部关于完善质量保障体系提升建筑工程品质指导意见的通知》（国办函〔2019〕92号）；

（7）《住房城乡建设部关于开展政府购买监理巡查服务试点的通知》（建市函〔2020〕443号）等相关的政府规章；

（8）巡查工作方案。

## 二、监理巡查单位

监理巡查单位必须履行好巡查义务，承担好其责任。监理巡查单位和相关巡查机构人员均具备相应的资质条件。

（1）监理巡查单位应具有监理综合或专业甲级资质，具有施工现场信息化监管手段和工程监测检测能力，并熟悉该区域地方标准和政策文件。

（2）监理巡查单位的技术负责人应具有注册监理工程师、注册建造师资格或为工程建设领域专家。

（3）项目负责人：具有注册监理工程师资格、具有丰富的工程监理、工程管理经验。

（4）巡查组长：具备工程类注册资格。

（5）巡查组组员：具备中级及以上技术职称，且应具备相应的工作经验。

## 三、巡查工作制度

为了做好巡查工作，不能想到哪里就干到哪里，需要制定好巡查工作制度，按照制度落实，这样才能保证巡查工作的高质量。当然制度也不是一成不变的，需要根据实际情况进行调整和完善。

1. 施工现场巡查制度

巡查单位根据巡查工作方案等对被巡查单位的施工现场工程主体及内业资料进行监督检查。巡查方法采用定期巡查和专项巡查相结合的方式。其中，定期巡查是指对委托的项目进行质量、安全等情况的定期巡查，巡查内容主要包括各参建方人员在岗履行职责的情况、质量和安全管理情况等。专项巡查是指针对质量专项、安全专项等开展有针对性的巡视检查。

2. 巡查会议制度

巡查单位针对被检项目，在进场巡查前首先召集业主、施工、监理等相关单位召开巡查计划交底会，向各参建方明示交底的巡查人员、巡查内容、巡查方式、巡查要求、巡查频率等。

## 四、质量安全巡查工作流程

为了做好巡查工作，第三方巡查单位应在巡查工作实施前建立巡查项目部，根据巡查委托合同要求和项目特点，配备相应的巡查人员，并对巡查人员进行培训及交底。巡查单位需要明确工作流程，按照巡查工作流程执行，明确在各流程中需要做的工作。

（1）成立巡查项目部；

（2）编制巡查工作方案；

（3）明确巡查内容和重点；

（4）开展巡查工作；

（5）根据实际问题需要反馈巡查结果，签发巡查意见书；

（6）编制巡查报告。

## 五、开展政府购买监理巡查的目的和意义

政府购买监理巡查服务是具有质量安全巡查能力的监理单位接受建设

单位或建设主管部门委托，组织专业质量安全巡查组，通过专业化、规范化、标准化巡查，采用多种形式抽查、检测，客观、专业、科学、独立地对工程质量、安全等做出科学评价，及时发现和预警工程施工过程的问题和隐患。

巡查单位独立于工程管理五方责任主体，其工作不受项目各方主体左右或影响，敢于发现问题、提出问题，更能客观实际反映工程存在的问题，并做出科学客观的评价，对提升工程安全监管、工程质量整体水平有很大的帮助。

在我国大力推广政府向社会购买公共服务的背景下，政府通过引入购买监理巡查服务的方式，可以解决政府监管技术不强与人员不足的问题。政府购买监理巡查服务具有一定的理论和实践意义。

（1）提高政府质量安全监管科学化、专业化、规范化、标准化的能力。

政府质量安全监管长期依赖于建设主管部门和其委托的质安站，工程质量安全检查和违法违规处罚均由监管部门独自完成，执法检查和行政执法合二为一，受专业、人员限制，建设工程质量安全监督执法透明度不高，监管效率不高。

采用政府购买监理巡查服务，引入专业巡查组，由专业巡查组实施质量安全检查，专业巡查组利用巡查方法发现质量安全问题，巡查成果作为政府主管部门监督执法的依据，实现了质量安全监管的科学化、专业化、规范化、标准化，有利于健全工程全过程风险防控机制，转变政府对工程的监管模式，提高政府监管效率。

（2）完善质量安全监管体系，提高质量安全管理能力。

为满足人民对工程品质的要求，需要进一步完善质量安全监管方式，创新监管模式，实现高质量巡查，科学化、标准化监管，使建设工程各行为主体不抱有蒙混过关的侥幸心理，切实重视质量安全管理，严格执行规范标准规定，提高质量安全管理能力。

## 六、监理巡查服务的作用

监理巡查服务能够对建设工程质量、安全等起到督促的作用，保证工程质量安全，拿服务购买方来说，不仅可以全面地了解工程进展过程中的施工情况，而且可对一些偏差较大的目标进行有针对性的纠偏，具体表现在以下四个方面。

1. 敏锐地发现重大质量安全隐患

通过监理巡查，可以及时发现建设工程过程中出现的一些质量、安全等问题。

在建设工程过程中，参建各方面对工程质量、安全等问题不能及时发现或者整改不到位，又容易忽视这些问题。在这种情况下，通过监理巡查方发现问题，并报告给服务购买方，这样可以督促并加大相关参建方的整改力度，并及时消除工程质量安全隐患，把隐患消除在萌芽状态，尽量做到预防为主，以免造成质量或安全事故。

2. 优化常规质量安全隐患的报告程序

基于巡查方不直接参与具体现场的工程建设日常管理，只是对有关专项内容进行检查、巡视和评估，对发现的质量安全问题及时以正式书面报告的形式向服务购买方汇报，这样可以使购买方能够及时了解工程当前面临的风险，以便购买方采取有效措施控制风险。

建设工程的质量安全风险管理，一般由建设单位、监理单位对施工过程中出现的问题进行有效管控，当直接管理者发现质量安全问题，一般需经过逐级评估和汇报才能到达决策层，在此过程中，可能会对最终的决策造成过度或延迟响应。而监理巡查方的评估可以给决策者一个比较中立的建议，这就是第三方巡查方的优势所在。

3. 提供较为客观公正的评估报告

第三方巡查所发现的问题，不受现场客观因素的干扰，可以对工程质量安全进行比较客观公正的风险评估，如发现目标有偏差情况，及时提出，要求相关方采取纠偏措施。

4. 能够抓住质量安全的主要矛盾

对于一些决策者来说，受到社会、政治、经济等多方面的影响，其所承担的各种责任也在逐渐增加。再加上一些决策者是非专业人士，没有工程管理方面的理论和实践知识，难以获得科学合理的风险评估进行决策。这个时候，第三方评估信息可以作为补充，将第三方评估结论作为其工作决策的主要依据，更加有利于其指导实际工作。

巡查方因其巡查形式和内容的不同，其所起的作用和意义也不同。因需求不同，在巡查工作中会产生新的作用和意义。不断赋予巡查工作新的理论意义，用新的巡查理论指导新的实践，如此循环，是不断提升第三方巡查能力的重要过程。

# 第三节　政府购买监理巡查实践

为了更好地理解政府购买监理巡查服务，需要熟悉相关理论文件，研究巡查项目案例，这样更有利于运用监理巡查理论指导巡查实践。巡查人员通过不同需求的项目历练，在巡查服务过程中不断积累经验，汲取教训，巡查实践能力将会逐步得到提升。

## 一、政府购买监理巡查服务的相关理论文件

政府购买监理巡查服务即由地方各级住房和城乡建设主管部门、政府投资工程集中建设单位或承担建设管理职能的事业单位按照政府购买服务的方式和程序，委托具备相应条件的工程监理企业提供建设项目重大工程风险识别和控制服务。这里列举几个重要文件。

（1）2013 年 9 月，国务院发布的《关于政府向社会力量购买服务的指

导意见》拉开了政府购买服务的序幕。

（2）2014年11月，民政部和财政部联合发布的《关于支持和规范社会组织承接政府购买服务的通知》将政府购买服务推入全面发展期。

（3）2014年12月，财政部、民政部和工商总局联合发布的《政府购买服务管理办法（试行）》为政府购买服务提供了制度保障。

（4）2017年住房和城乡建设部颁布的《关于促进工程监理行业转型升级创新发展的意见》中，便鼓励监理企业"适应政府加强工程质量安全管理的工作要求，按照政府购买社会服务的方式，接受政府质量安全监督机构的委托，对工程项目关键环节、关键部位进行工程质量安全检查。"

## 二、监理单位参与政府购买第三方巡查服务的相关案例

### （一）巡查项目背景

某建设工程质量安全监督站按照工作计划，每季度须开展一次全区范围内在建工程的质量安全巡查。由于区质安站受限于人员的数量，很难保证检查的幅度和深度。因此，决定采用购买第三方服务的方式开展季度巡查工作。通过招标的方式确定了某监理企业作为第三方巡查服务单位，监理企业按照相关合同要求开展巡查服务。

### （二）巡查服务内容

根据双方签订的合同要求，第三方巡查工作内容包括但不限于如下内容：①项目法人（代建）：项目法人机构组建、相关手续办理、工程质量和安全管理制度及落实等；②监理单位：监理机构人员配备及其履职、对施工单位的监管、实体质量控制、内业资料管理等；③施工单位：组织机构设计、质量和安全责任制的落实、施工组织设计及专项施工方案、材料设备的管理、交底制度落实、工程验收评定、隐患排查、事故处理、资料档案管理等；④专项活动：根据国家、地方、行业的要求及时更新，比如危

险性较大分部分项工程专项、防汛防台专项、消防专项、工人工资支付专项、质量月活动专项等。

### （三）巡查服务依据

（1）法律法规、标准规范和规章制度等；

（2）《第三方巡查服务合同》；

（3）《巡查工作方案》《巡查实施细则》《巡查工作计划》等。

### （四）巡查组织设计及岗位职责说明书

1. 巡查组织设计

根据委托合同要求和工程实际情况需要，巡查方成立以项目负责人为中心的巡查项目部，履行项目质量、安全等巡查工作。巡查方成立专家小组为巡查项目部提供技术支撑，保证巡查服务质量。巡查项目部设巡查项目负责人、巡查组长、巡查工程师等工作岗位，根据委托方要求配备专业不同的巡查工程师，巡查项目部人员按各自岗位职责开展巡查服务工作。巡查项目负责人代表巡查方行使合同赋予的权利和义务，实行巡查项目部负责制。

2. 巡查项目负责人岗位职责说明书

（1）负责巡查项目部的管理；

（2）组织编制巡查工作方案和巡查工作计划；

（3）确定巡查人员分工及其岗位职责说明书；

（4）检查和监督项目巡查人员的巡查行为，协调各专业巡查工程师之间的工作；

（5）组织巡查工作交底，并形成书面交底文件；

（6）主持巡查项目部内部工作交流会议，签发各类相关巡查报告；

（7）在质量安全巡查中发现质量安全事故隐患时，及时向委托方报告；

（8）组织巡查人员业务培训学习和巡查技术经验交流，并形成相关论文；

（9）组织巡查文件资料的管理和归档移交。

3. 巡查组长岗位职责说明书

（1）参与编制巡查工作方案和巡查工作计划；

（2）负责巡查组的管理工作；

（3）汇总巡查组发现的质量安全问题，及时完成巡查意见书的编写；

（4）及时向巡查项目负责人报告质量安全事故隐患情况；

（5）参与编写巡查工作报告。

4. 巡查工程师岗位职责说明书

（1）参与编写巡查工作方案和巡查工作计划；

（2）根据巡查工作方案及巡查项目实际情况对工程质量安全进行巡查；

（3）协助巡查组长填写巡查意见书，参与编制巡查工作报告；

（4）负责收集、整理本专业范围的资料；

（5）积极主动地参加业务学习培训和巡查技术经验交流，提高巡查能力和水平。

**（五）巡查工作要求**

（1）巡查人员应公正、独立、科学地开展工作，每名巡查人员均须签订廉洁自律承诺书，保有廉洁文化；

（2）对被巡查项目要积极开展原材料抽检，对实体质量存疑或质量保证资料无法反映实体质量的，要开展实体检测，必要时可委托专业机构检测；

（3）巡查人员应积极收集各项目检查照片，包括项目上的亮点和不足，并配有文字说明，积累优秀案例素材，为以后类似的工程做好督查工作，积累宝贵经验。

**（六）巡查工作实施**

（1）巡查人员按照职责分工开展工程实体质量和安全管理，以及内业资料的检查；

（2）各巡查人员将检查中发现的问题进行反馈和沟通，如被检单位对问题无异议，必要时在检查表上签字确认；

（3）每天检查完成后，巡查人员及时将过程中的照片、文字、表格等资料整理后交专人进行汇总。

## （七）巡查服务成果

根据实际情况需要，形成的主要服务成果如下：

（1）开展巡查发现质量安全隐患；

（2）组织质量安全教育培训；

（3）协助组织召开或者参加有关质量安全会议，并向参建各方通报各专业检查分析报告和巡查情况；

（4）质安站依据巡查结果下达书面质量安全整改单、停工令等。

## （八）巡查文件资料的管理

1. 巡查文件资料主要内容

（1）巡查服务委托合同；

（2）项目巡查工作方案、巡查实施细则、巡查工作计划；

（3）巡查项目负责人任命书；

（4）巡查记录和复查记录；

（5）巡查工作联系单；

（6）巡查项目周、月、季、年报表；

（7）月、年度巡查工作总结；

（8）工程质量或生产安全事故巡查文件资料、专题报告；

（9）巡查工作报告。

2. 巡查文件资料归档

（1）巡查项目部应及时整理、分类汇总巡查文件资料，并应按合同规定组卷，形成档案资料；

（2）巡查方应根据工程特点和有关规定，保存巡查档案，并向委托人移交需要存档的文件资料。

# 下篇

# 管理篇

所谓管理是指通过计划、组织、领导等手段，达到管理目标的过程。有效管理方法的熟练运用就是管理能力。

汉字中以"代"组词的有很多，比如，代理、代表、代办等。这里讨论的"代建制"是一个新词，代替和委托是对"代"字合适的诠释。

这里提一个中方代建的概念。所谓中方代建是指中国政府受受援方委托负责成套项目的勘察、设计、建设和调试运行全过程或其中部分阶段任务，以"交钥匙"形式交付受援方使用，并提供建成后长效质量保证和配套技术服务的管理模式。笔者曾参与过几个援外项目检查验收工作，对此概念感受较深刻。

2004 年 7 月 16 日颁发的《国务院关于投资体制改革的决定》明确规定，"对非经营性政府投资项目加快推行代建制"，代建由此而生。

代建制具有"代建"和"制度"的双重含义：代建指的是投资人将建设项目委托给专业化的工程代建单位，直至项目交付使用；而制度是指在政府投资的非营利性工程的建设项目中选用的这种代建项目管理模式。

中国政府投资项目推行代建制有两种选择，一是由政府组建专门机构集中代建政府投资项目，二是通过市场选择项目管理公司代建政府投资项目。

代建集成了项目法人制、总承包制的优点，从总体上对整个项目进行把控和管理。相信在有关法律法规、标准规范框架内，代建制必将逐渐发展壮大起来。

"代建制"是指委托专门有相应资质的工程管理公司或具备相应工程管理能力的其他管理机构，实行专业化、社会化管理，组织开展工程建设项目的可行性研究、环境评估、勘察、设计、施工、监理等工作，按建设计划和设计要求完成整个或部分建设任务，代建单位利用自身专业优势统筹建设安排，对项目的工期、质量、投资等进行科学严格的管理，全面实现优质高效，使投资效率最大化，在项目建成后再将其移交给使用、管理单位的项目管理方法的一种制度。

只有一个知道自己代建管理的目的，也知道怎样达到这个目的的代建单位，才能真正做好代建管理工作，让业主满意。所谓做活不由东，累死也无功，说的就是这个道理。

　　据了解，不同的地区发展出了相应的代建制方式，比如，深圳和广州是成立政府直接管理的事业单位，例如工务署、代建局，政府财政资金直接拨付给该单位，由其负责组织工程勘察、设计、施工、监理单位的招标工作，对建设工程全权进行代建管理，项目竣工完成后移交实际的使用单位。

第六章

# 代建管理知识

代建行业的价值是为客户积极创造价值，从而实现自己的价值。代建企业将成为政府和市场值得信赖和依托的重要专业力量，助力美好城市建设。代建企业要能够提供"代建＋"延伸服务，为委托方创造更长链条的服务价值。代建企业为委托方提供前期策划定位、规划设计、开发建设、综合整治改造等系统性服务方案。

代建归根到底是服务，通过"东家思维、管家身份、专家能力"更好地推动代建企业自身进行思维转变、专业精进，更好地为客户提供优质服务。代建方需精准定位"东家""管家"和"专家"的服务角色和认知，以满足多元化需求。

工程项目代建管理是指项目业主通过招标方式，选择社会专业化的项目管理单位，负责项目的投资管理和建设实施，项目建成后交付使用单位的制度。

代建单位是指通过招标等方式选择的为政府投资项目提供前期、实施、验收、结算等阶段管理服务，并独立承担控制项目投资、质量、安全和工期责任和风险的专业化项目管理单位。代建单位具有项目建设阶段的法人地位，拥有法人权利，同时承担相应的义务。

在"代建制"过程中，由于依靠专业单位、专业人士，实行社会化管理，提高了公共实施项目投资实施情况的透明度，便于监督管理。同时，使投资方或者项目业主免去组织管理工程项目实施的具体事务，解决外行业主、分散管理、机构重复设置等问题，体现了专业化的现代生产发展的规律要求，有利于提高建设水平和能力，降低管理成本，节约投资。

代建项目实行代建合同管理制。代建单位中标代建项目后应当签订代建合同，按照合同约定的投资、质量、安全、进度控制目标，确保代建管理目标的实现。项目代建工作实行项目经理制。代建合同签订后，代建单位应当成立项目代建部，委托有相应资质的项目负责人担任项目经理。

为了避免使用单位过多干扰代建工作，同时兼顾其合理的使用需求，代建单位需要保持与使用单位沟通协作，充分了解其使用需求。当然，这种需求的了解可由代建方直接调查，也可委托设计或者咨询单位调研，形成调研成果后由代建方以公文形式交使用单位确认。

某种程度上讲，这有利于缓解使用的焦虑，同时也兼顾代建方的职权，在移交时也可避免返工和扯皮，使得建设过程更加有依据，尊重工程代建管理的客观规律。

# 第一节 涉及代建的定义

为了做好代建管理工作，需要理解有关代建的概念和定义，这里列举了一些常见的概念。

（1）建设业主：指委托项目代建任务的一方。

（2）代建单位：指按照建设业主委托，承担代建项目建设全过程管理工作的一方。

（3）项目代建部：是指由代建单位组建实施具体代建工作的机构。

（4）代建经理：是指由代建单位任命全面履行合同的项目负责人。

（5）正常工作：是指双方在合同中约定，由建设业主委托的建设管理工作，即是指代建工作。

（6）附加工作：①建设业主委托建设管理范围以外，通过书面协议另外增加的工作内容；②由于建设业主原因，使代建工作受到阻碍或延误，造成因增加工作量或持续时间而增加的工作；③由于建设业主原因而暂停或终止代建业务，其善后工作及恢复代建业务的工作。

（7）第三方：指除建设业主、代建单位以外，合同上下文要求的、与项目建设有关的任何其他单位、机构或实体。

（8）建设工期：指建设项目从正式破土动工到按设计文件全部建成，完成竣工验收交付使用所需的全部时间。

（9）批准：指以书面形式批准的，包括对先行口头批准所作的随后书面确认。

（10）书面形式：指双方在履行合同过程中发生的各有关当事人或其授权代表按合同的规定确认的手写、打字、复制、印刷、传真的各种通知、任命书、委托书、证书、签证、备忘录、报告、报表、函件及会议纪要等各种有效文件。

# 第二节　建设业主权利和义务

## 一、建设业主权利

（1）建设业主具有要求代建单位在不影响经批准的工期，且不突破建设规模、标准和总投资的前提下，对建设业主提供的各项功能需求和相关的建设标准完全接受的权利。

（2）建设业主具有参与各项技术、设计和建设方案的审核的权利。

（3）建设业主有权对代建单位的项目代建行为进行监督和检查。建设业主有权对代建项目的投资控制、招标投标、工程质量、建设进度、安全文明生产、合同管理等进行监督检查，对工程建设管理过程中出现的问题，向代建单位提出整改意见和建议。

（4）建设业主有权同意或拒绝代建单位本合同履行期间，调换代建经理和部门人员。

（5）建设业主有权要求代建单位提交代建工作月报及代建业务范围内的专项报告。

（6）当建设业主发现代建单位相关人员不按委托建设合同履行代建职责，或者发现代建单位相关人员与承包人串通给建设业主或项目造成损失的，或者发现代建单位项目代建工作管理人员不称职的，建设业主有权要求代建单位更换代建单位相关人员，直到终止合同，并要求代建单位承担相应的赔偿责任。

（7）若代建单位违约且达到合同解除条件的，建设业主具有解除合同的权利，并有权要求代建单位给予赔偿。

（8）建设业主有权对项目建设管理过程中出现的问题，责成代建单位提出解决措施并予以实施。

（9）建设业主有权监督项目的招标投标过程，并审定施工总承包等的招标方案及招标文件。

（10）建设业主有权对项目初步设计方案、概算、施工图及预算提出审查意见。

（11）由于政策调整或不可抗力原因，建设业主有权暂停或重建项目，代建单位应积极配合，工期和费用问题由双方协商。

（12）当代建单位违约造成合同解除后，建设业主有权要求代建单位配合清理相关资料并移交场地。

（13）当建设业主认为代建单位已无法正常履行代建单位职责时，建设业主有权解除合同并接管或委托第三方进行建设管理相应工作，代建单位应全面进行配合。

（14）建设业主有权要求代建单位赔偿包括但不限于因擅自变更建设内容、扩大建设规模、提高建设标准，致使工期延长、投资增加或工程质量不合格所造成的损失。

（15）建设业主对发现不符合设计要求或标准规范要求的施工有否定和

索赔的权利。

## 二、建设业主义务

（1）建设业主应当根据相关要求和规定在项目建设的各个阶段开展对项目建设和管理过程的监督。

（2）建设业主应当会同代建单位确定各项功能需求和相关的建设标准。

（3）建设业主应当对各项技术、设计和建设方案进行备案。

（4）建设业主应当在项目建设过程中，配合代建单位办理各种相关的手续。

（5）建设业主应当对工程初步设计和概算进行备案。

（6）建设业主对于代建单位在代建期间提出的书面意见及资金申请，应当在收到书面意见后 7 个工作日内给予答复，否则视同认可。

（7）建设业主应当在代建合同签订后 10 个工作日内，向代建单位移交项目前期工作的所有资料。

（8）建设业主应根据相关约定按时、按进度向代建单位支付代建费用。

# 第三节　代建单位权利和义务

## 一、代建单位权利

（1）代建单位在建设业主委托的项目范围内，根据建设业主委托，在建设期内行使代建单位的权利。

（2）在建设业主的具体授权范围内协助建设业主向政府有关部门办理项目建设的各种手续。

（3）在经建设业主审批或备案后负责组织施工、采购及其他服务的招标投标工作，并协助业主与选定的中标人签订合同和进行合同管理。

（4）根据国家、省、市相关法律法规的要求，代建单位可以根据项目建设的需要，决定向外委托项目，但必须向建设业主书面报备。

（5）根据合同的约定，对项目的进度、质量和资金使用进行管理。

（6）按国家、省、市建设标准程序协助业主组织项目竣工验收。

（7）代建单位有依据合同按时足额获得代建酬金的权利。

## 二、代建单位义务

（1）代建单位应根据合同的要求和约定，认真负责履行建设业主的委托服务和相应职责，代表建设业主负责组织实施工程的建设管理工作，按时向建设业主交付符合施工合同约定质量等级的工程。代建单位应认真地尽职工作和行使职权，并具有履行合同所需的相关业务资格。

（2）代建单位在领取中标通知书后三十个日历天内且在签订代建合同之前，应当按项目建设业主要求向项目建设业主提供履约保函。

（3）在不影响建设业主批准的工期，建设规模、标准和总投资不突破的前提下，代建单位对建设业主提出的各项功能需求和相关的建设标准的要求必须完全接受。

（4）代建单位在建设业主委托的工作范围内，必须严格按国家、省、市有关法律法规、规范标准的规定，履行建设期项目代建单位的义务。

（5）代建单位在合同签订后的 15 个工作日内，须向建设业主报送项目代建部的全部人员名单、项目代建管理方案、整体工期计划、投资控制目标，同时确保在履行合同义务期间，项目代建部人员的稳定，并必须每月向建设业主报告代建进展工作。

（6）按照建设业主批准的项目概算总投资，按项目建设进度编制资金使用等计划。

（7）代建单位严格按照代建合同约定做好投资、质量、工期的控制工作，必须对项目所涉及的设计概算、预算、结算进行审核并出具报告，确保概算不超估算、预算不超概算、结算不超预算，确保工程质量，按期交付使用。

（8）代建单位必须将工程初步设计、概算、施工图及预算送建设业主备案。

（9）代建单位必须按照建设业主批准的建设方案、建设规模、建设内容、建设标准、建设工期和项目总投资等，进行建设组织管理，严格按照国家、省、市建设程序进行项目的代建，严格控制项目概算、预算、变更及签证，确保工程质量、投资目标控制、工期要求，按质按量按期交付使用。

（10）代建单位对依法依规必须进行公开招标的项目应当开展组织招标工作，招标方案报建设业主备案，合同另有约定的从其约定。

（11）代建单位未能履行项目代建合同，擅自调整建设内容、建设规模、建设标准，致使工期延长、投资超过批准的概算或工程质量不合格，所造成的损失或投资增加额一律由代建单位负责赔付或自行承担。

（12）代建单位应保证在合同约定的总工期内，项目经竣工验收合格并交付给建设业主，否则，代建单位应承担逾期完工的违约责任。

（13）代建单位必须组织各单项工程的质量验收，负责申报项目竣工验收、移交等工作。

（14）代建单位必须自项目总体竣工验收合格之日起三个月内按建设业主要求确认产权并移交给相关使用人，同时办理档案资料移交手续。

（15）代建单位在合同期内或合同终止后，不得泄露与项目、合同业务有关的保密资料。

# 第四节　建设业主和代建单位的职责

## (一) 建设业主的职责

在项目建设实施过程中，建设业主应当积极配合与支持代建单位的工程管理工作，建设业主主要负有以下职责：

1. 组织工作

(1) 负责工程的立项，负责建设工程项目建议书、可行性研究报告的编制、评审。

(2) 负责审查工程建设总体计划及建设管理大纲。

(3) 负责审查工程设计工作管理规划。

(4) 负责筹集工程建设资金。

(5) 确定建设管理模式。

2. 前期阶段工作

(1) 配合代建单位进行工程征地拆迁的管理与协调，配合代建单位办理土地移交手续，负责提供有关征地拆迁文件和资料。

(2) 配合代建单位办理工程建设实施必需的规划、国土、征地拆迁、交通、施工、消防、道路照明、环保、环卫、绿化等部门的报建、报批工作及施工图报建工作。负责统筹与工程同步实施的各种市政配套设施（如供水、燃气、电力、电信等）的信息交流及建设管理工作。

(3) 配合代建单位做好工程实施需涉及的地震与地质灾害危险性评估及环境影响评价等有关前期论证工作，配合有关部门的报批、协调及联络工作。

(4) 负责协调工程前期工作中各相关单位之间的关系。

(5) 负责组织协调建设用地的勘测定界工作，并负责办理合法用地手续。

(6) 负责总体协调各种规划、国土报建等批复意见的信息交流与共享工作。

3. 招标工作

(1) 审定代建单位拟定的招标项目、招标计划（方案）、招标方式等。

(2) 负责审定各类工程招标文件（含评标、定标办法），审定评标委员会业主专家名单。

(3) 参与审查投标单位资质和条件。

(4) 负责签发招标信息和投标邀请书。

(5) 定标并核发中标通知书。

4. 合同管理工作

(1) 审定工程的相关合同管理办法，并监督履行。

(2) 审定并签订合同涉及的土建项目和各专业系统的设计、设计咨询、施工、监理、供货及其他相关的专业合同。

(3) 审定代建单位提交的合同付款方式，审核签认付款凭证，并负责与相关部门进行协调。

(4) 参与有关合同的谈判、签订、履行、变更以及索赔等合同管理工作。

5. 财务管理工作

(1) 按照国家和地方的财务管理制度和规定，对工程进行会计核算，按照财务、会计要求归档。

(2) 根据国家有关规定，负责做好工程的财务决算工作。

6. 设计阶段工作

(1) 负责组织工程概算、预算、结算以及决算的财政投资评审工作。

(2) 负责工程量的最终审定。

(3) 负责组织工程技术攻关和相关课题研究。

7. 实施阶段工作

(1) 负责审定涉及工程投资、建设规模与标准、建设工期等重大问题及其变更事项。

（2）负责相应职责范围内的工程实施阶段的投资控制。

（3）审定工程建设计划和工作进度表，并在工程建设过程中监督落实。

（4）参与工程实施阶段的质量、安全控制。

8. 竣工阶段的工作

（1）业主应积极主动组织工程的竣工验收。

（2）负责制定工程验收的有关规定和程序。

（3）审批甩项工程的实施。

9. 竣工后阶段的工作

（1）负责委托使用（或运营）单位进行运营调试，确保工程安全、顺利地投入使用。

（2）作为国家规定的工程审计主体一方，应积极主动配合审计部门的工作，并承担该项目业主职责范围内相应的工程审计责任。

（3）负责审定工程的竣工结算，组织财务决算工作。

（4）监督工程档案的编制与交付。

## （二）代建单位的职责

代建单位应根据工程建设管理的相关要求，在正式接受业主的委托至代建合同规定的合同终止期限内，认真履行合同条款的职责和约定，具体负责工程的建设管理。

1. 组织工作

（1）协助业主的立项工作。积极协助建设工程项目建议书、可行性研究报告的编制及组织相应的评审工作。

（2）负责制定和完善工程建设总体规划及建设管理大纲。

2. 前期阶段工作

（1）在业主的配合下，负责组织工程征地拆迁的管理与协调，负责接收工程用地并办理有关手续，向承建单位移交工程用地，并在市政配套基础设施建设中作为主要参与方开展需涉及的协调和监管工作；负责工程实施所需的管线迁移及绿化临时迁移工作。

（2）负责办理工程建设实施所需的规划、国土、征地拆迁、交通、施工、消防、道路照明、环保、环卫、绿化等部门的报建、报批工作及施工图报建。

（3）负责组织水利、铁路、地震与地质灾害危险性评估及环境影响评价等有关前期论证工作；积极配合业主与有关部门的报批、协调及联络工作。

（4）应有专人负责工程前期工作的日常管理，积极主动地参与协调工程前期工作中各相关单位之间的关系。

（5）积极主动地组织实施建设用地的勘测定界工作。

3. 招标工作

根据《中华人民共和国招标投标法》《建设工程质量管理条例》及国家和地方有关法规政策所规定的质量终身制要求，按照"公开、公平、公正、诚实信用、科学、择优"的原则及有关要求，负责具体开展工程的招标投标工作。

（1）负责拟定招标项目招标计划（方案）、招标方式和招标文件等，并报业主审核确认。

（2）负责根据有关文件规定选定项目的招标代理，并督促招标代理单位开展项目招标工作。

（3）负责开展具体项目的招标投标工作。

4. 合同管理工作

（1）代建单位对各类合同应负有管理、审核及跟踪协调的责任；要建立各类合同台账，做好合同核对工作，定时向业主报送有关合同签订情况的报表。负责研究建立工程的合同管理办法，并严格履行，使其发挥作用。

（2）负责编制合同涉及的土建和各专业系统的设计、设计咨询、施工、监理、供货及其他相关的专业合同，维护业主的合法利益，规避合同风险。并作为代建单位方参与签订与项目实施相关的各类工程合同。

（3）负责提交合理的合同付款方式给业主审批，审核签认付款凭证，建立有效的支付台账，定期主动与业主方核对支付情况。

（4）负责有关合同的谈判、签订、履行、变更以及索赔等合同管理工作。

5.设计阶段工作

（1）负责对设计单位的设计进度、咨询单位的咨询进度和设计质量、咨询质量的管理、监督与考核。

（2）负责组织工程设计图纸的审查与评审，以及对设计方案进行优化等工作。

（3）负责组织工程设计单位对工程投资估算、工程概算和施工预算的编制进行审查和修正；积极主动地配合业主组织做好工程概算、预算、结算和决算工作。

（4）负责工程量的审核认定，负责出具工程技术规划与计量支付细则。

（5）协助业主组织工程技术攻关和相关课题研究。

（6）负责组织工程设计单位根据工程设计评审意见，对工程设计文件进行优化修正。

（7）负责工程设计文件管理工作。

（8）负责工程设计咨询审查单位的管理工作，督促咨询单位的投资结算、施工概算与施工图预算的审查工作。

（9）负责协助业主的规划报批、国土报批的工作。

（10）负责督促设计单位、咨询单位做好现场施工的配合，特别是设计人员现场到位的管理。

6.实施阶段工作

（1）负责相应职责范围内工程实施阶段的投资控制。

（2）负责工程实施阶段的进度、质量、安全控制。

（3）负责召开有关工程会议，负责工程实施各参与或相关单位、部门之间的协调管理工作。负责施工期间交通组织等协调工作，确保交通顺畅。

（4）负责工程的知识和信息管理。

（5）负责与其他建设工程交叉作业的协调管理，在工程实施期间，若工程与其他工程在工作面上存在交叉、重叠问题时，代建单位应及时、主动协调各相关单位、部门之间的关系；管理好交叉施工中的工作。

7. 竣工阶段的工作

工程的竣工验收是全面检验工程建设是否符合设计要求和施工质量的重要环节，也是检查代建单位及其承包商合同履行情况的重要考核标准。

代建单位协助业主组织工程的竣工验收。

（1）验收依据：按照国家、省、市有关验收规范与规定组织工程竣工验收，包括但不限于批准的设计任务书、初步设计、施工图设计、设备技术说明书、施工承包合同、协议、现行的工程竣工验收规范。

（2）代建单位协助业主按照验收程序组织工程竣工验收。

（3）代建单位要确保完成合同中约定的各项内容，有关部门要求整改的质量问题由代建单位负责组织全部整改工作，使工程达到国家规定的竣工验收标准。

（4）甩项工程。因各种原因，一些零星工程不能按时完成的，但不影响工程的正常使用（或运营）时，经业主批准，可同意对主体工程办理竣工验收手续。代建单位应妥善处理甩项工程的继续实施与主体工程验收、使用（或运营）的关系，加强管理，限期完成。

8. 竣工后阶段的工作

（1）协助业主委托的使用（或运营）单位进行运营调试，确保工程安全、顺利地投入使用。

（2）作为国家规定的工程审计主体一方，应积极主动配合审计部门的工作，并承担合同约定的建设管理服务范围内的工程审计责任。

（3）负责组织工程的竣工结算，配合业主的财务决算工作。

（4）负责工程档案的编制与交付。

9. 计划和统计工作

（1）做好工程有关资料的收集、保管、整理工作。对业主所需的工程资料，代建单位应及时提供，并对资料的真实性负责。

（2）按照规定的格式采用书面形式向业主报送与工程建设实施有关的信息与问题建议。建立工程建设的日常汇报制度。

（3）按有关部门要求，积极主动地配合业主编报有关计划统计报表和工程资料。

（4）负责做好项目的支付财务统计工作，每月的第五个工作日报上一月份支付台账报表给业主。

（5）向业主提交的各项工程资料及工程款申请支付表，代建单位应认真审核和核对，确保资料和数据无误后再递交业主。

10. 其他授权内容

（1）在规定的工程质保期限内，负责检查工程质量状况，组织鉴定质量问题责任，督促责任单位维修。

（2）业主委托的其他工作。

# 第五节　建设业主对代建单位的要求

根据代建合同，建设业主会对代建单位的管理工作提出一定的要求。一般来说，建设业主对代建单位的工程建设管理要求主要有以下十二个方面：对组织机构的要求；对代建管理大纲的要求；对设计管理的要求；对投资控制的要求；对质量控制的要求；对进度控制的要求；对安全生产的要求；对招标投标工作的要求；对合同管理工作的要求；对工程索赔管理工作的要求；对设备采购工作的要求；对协调管理工作的要求。

为了更好地理解这十二个要求，这里针对这些要求具体叙述如下。

## 一、对组织机构的要求

1. 对代建单位组织机构的要求

（1）业绩和成效

代建单位应保证现时的管理技术水平和管理力量，与以前的工作业绩和工作成效有良好的继承关系，并且有能力使这些经验运用到工程的建设实施中。

（2）专业配套能力

代建单位应该配备齐全、稳定、高水平的专业技术与管理人员，并得到业主的信任和认可。

（3）管理水平

代建单位应在工程管理工作开展过程中，全面执行质量保证程序。在与业主及各相关单位开展工作前，编制有针对性的工作接口文件，使代建单位所有的管理工作，均处于受控状态。

2. 对代建单位工作人员的要求

（1）具有与建设管理相对应的学历和多学科专业知识。

（2）具有丰富的工程建设实践经验。

（3）具有良好的职业道德。

3. 对项目代建部的要求

（1）项目经理负责制：代建单位委派的项目经理是项目管理全部工作的负责人，是代建单位工作的责任主体，是实现综合目标的主要责任者，代建单位的组织机构应形成以项目经理为首的高效能的决策指挥体系。

（2）实事求是：要求代建单位在工作开展中尊重事实，任何指令、判断应以法律和事实为依据。

（3）预防为主：由于工程的复杂性、重要性，要求代建单位开展工作时把重点放在"预控"上，在制定工作计划、实施项目管理过程中，对工程投资、进度、质量控制中可能发生的问题要有预见性和超前考虑，加大事前控制力度。

（4）诚信服务：依照既定的程序和制度，认真履行，谨慎工作、勤奋工作，为业主提供诚信的服务，维护业主利益。

# 二、对代建管理大纲的要求

1. 对代建单位管理大纲的要求

（1）管理大纲应具有针对性，对工程的特殊情况和普遍情况进行剖析，充分领会业主的建设意图，结合代建单位的管理体系，真正起到指导代建单位工作的作用。

（2）管理大纲是针对工程来编写的，而工程的动态性较强，决定了管理大纲具有可变性。所以，要随着工程项目展开进行不断的补充、修改和完善，目的是使工程项目的实施能够在有效控制之下。

（3）管理大纲在编写完成后，需要得到业主的确认或备案。业主将据此监督、检查与考核代建单位的工作。

2. 管理大纲的内容

代建单位提交的管理大纲内容应精简，具有可操作性，主要包括以下内容：

（1）工程项目概况。

（2）代建单位的工作内容根据合同的有关委托服务范围与职责来开展。

（3）投资控制，包括投资目标的分解、投资控制的流程与措施等。

（4）进度控制，包括项目总进度计划、进度计划目标的分解、进度控制的工作流程与措施、关键进度节点的推进与考核等。

（5）质量控制，包括质量控制目标的描述，质量控制的工作流程与措施等。

（6）合同管理，包括合同结构、合同清单、合同管理的工作流程与措施、合同执行情况的动态分析、合同争议与索赔程序，以及有关合同管理的表格等。

（7）信息管理，包括工程建设的信息流程及相应的制度、信息分类、信息管理的工作流程与措施等。

（8）工程建设安全管理与文明施工管理。

（9）工程风险管理。

（10）组织协调，包括与工程有关的内外单位情况分析、协调程序等。

（11）代建单位的工作机构、职责分工等。

（12）代建单位工作内外制度，比如变更处理制度、施工现场紧急情况处理制度、工程款支付签证制度、日常作息办公制度、上报业主的周报和月报制度等。

## 三、对设计管理的要求

加强设计管理是提高工程质量、降低工程投资、加快工程进度的关键和手段。代建单位的职责是加强设计管理，重点检查落实。

1. 方案阶段

（1）在减少拆迁的前提下确定平面线位。

（2）积极主动征求规划等部门的意见。

2. 初步设计阶段

（1）对勘察资料进行核查，确保基础资料的质量、深度和广度满足初步设计需要。

（2）核查设计原则是否体现方案设计批文、建设单位及其上级主管部门的要求和批示；是否符合代建项目的特点和要求。

（3）跟踪设计全过程。

（4）为配合招标，要求设计深度达到业主招标要求。

3. 施工图阶段

（1）对定测、详勘资料进行审查，确保基础资料的质量、深度和广度满足施工图设计需要。

（2）跟踪设计全过程，对设计单位分批提交的施工图纸设计文件进行全面核查，对设计文件的说明部分、图纸部分作为重点核查内容。

4. 施工配合阶段

（1）检查派驻配合施工人员到位情况。

（2）对设计变更的必要性、可行性与合理性作出评价。

（3）及时办理设计变更手续。

## 四、对投资控制的要求

（1）建立完善的投资控制保证体系，确保将工程成本控制在业主要求的目标成本内。

（2）工程设计对项目投资的影响是至关重要的，任何建设工程均应以设计阶段为重点进行工程的投资控制。因此，业主要求代建单位在工程设计和施工的管理过程中，必须花大力气，认真研究分析影响投资的重大问题，努力调动设计咨询单位的积极性与主动性，充分发挥设计人员和科学技术的力量，不断优化设计方案，力求使大量的设计变更消灭在设计阶段，从根本上控制投资。

（3）征地拆迁、管线迁移等前期工作可能是影响工程投资的另一重要环节。要求代建单位加强事前控制、事中管理及事后审查。优化设计及施工组织方案，减少不必要的征地拆迁，特别是减少不必要的管线迁移，切实把前期费用控制在目标成本内。

（4）要从组织、技术、经济、合同与信息管理等多方面采取措施进行主动的、全面的投资控制，要注重技术与经济的有机结合，要形成投资控制的运行机制，制订严格的工程价款结算审批程序，做好用款计划，合理使用资金，提高资金管理的水平和质量。把投资控制观念渗透到工程建设的各个环节与各个方面。

## 五、对质量控制的要求

（1）制定完善的质量保证体系，对可能的质量隐患进行事前预测和防范。

（2）采用经过审查批准的设计文件。

（3）不得明示或暗示第三方违反工程建设标准，不得使用不合格的材料、构配件和设备，以保证建设工程质量。

（4）在领取建设工程施工许可证或开工报告前，应当按照国家有关规定办理工程质量监督手续。

（5）收到建设工程竣工报告后，应当组织设计、施工、工程监理等有关单位进行竣工验收。

## 六、对进度控制的要求

（1）制订科学、合理、可行的工程总体进度控制目标，代建单位要建立完善的进度管理保证体系，实现工程的进度目标。

（2）在实施过程中要经常检查实际进度是否按计划要求进行，对出现的偏差及时分析原因，采取综合性的措施，包括组织措施、技术措施、合同措施以及经济措施进行有效控制，从而保证进度控制总目标的实现。

## 七、对安全生产的要求

（1）代建单位在管理过程中，应严格执行各级政府对安全工作的相关规定，对施工现场管理、现场防火、脚手架安全、起重设备及机械设备的安全、高空作业等采取有效管理手段，杜绝事故的发生。

（2）代建单位应遵守安全防范规定，保证代建管理人员自身的安全。

（3）代建单位应负责工程的治安、综合治理、卫生防疫等安全工作。

（4）代建单位有义务定期将工程安全生产的动态向业主上报。

## 八、对招标投标工作的要求

为了做好招标投标工作，代建单位在招标过程中应避免下列行为：

（1）有条件和按有关法规规定需要公开招标的，不实行公开招标投标，规避招标投标。

（2）在招标文件之外，向业主隐瞒，暗中要求投标单位作其他的不合理承诺。

（3）以不合理条件限制或排斥潜在投标人，对潜在的投标人实行歧视性待遇，强制投标人组成联合体共同投标，或者限制投标人之间的正当竞争。

（4）向他人透露可能影响公平竞争的有关情况。

（5）招标投标过程中有其他不合法行为，损害业主利益。

## 九、对合同管理工作的要求

（1）要把合同管理与投资控制有机地结合起来。

（2）要把合同管理与招标工作有机结合起来。

（3）要把合同管理与督促各方尽责履职结合起来。

## 十、对工程索赔管理工作的要求

（1）索赔是工程承包合同履行过程中，当事人一方因对方不履行或不完全履行既定的义务，或者由于对方的行为使权利人受到损失时，要求对方补偿损失的权利。

（2）代建单位应尽可能避免索赔事件的发生，避免被承包商索赔，若承包商提出的索赔要求经核实属代建单位失职，业主将追究代建单位的责任，并给予相应的经济处罚，此罚金将在代建单位服务报酬中扣除。

（3）代建单位应对可能发生的索赔进行预测，及时向业主报告，尽量采取一切措施进行补救，及时启动反索赔程序，避免索赔事件的发生。

（4）代建单位必须注意工程资料的积累，积累一切可能涉及索赔论证的资料，留下书面资料，建立严密的工作档案和日记，以事实和数据来处理索赔事件。

## 十一、对设备采购工作的要求

（1）代建单位要认真总结研究以往工程建设管理过程中的有益经验，探索新思路、新举措，采取科学、严密的招标办法和措施，协助业主达到以经济合理的资金成本，及时、有效地采购到工程所需的高标准、高质量的设备物资。

（2）设备采购的计划要与工程建设进度、设备性质、安装、调试、试运行的周期相适应，并努力遵循以下几条原则：同类设备合并原则；基础设备材料优先原则；非标准设备优先原则；不同类型设备尽可能分包处理原则。

## 十二、对协调管理工作的要求

（1）要求代建单位在建设管理过程中充分体现敬业、务实、团结的作风。

（2）通过建立科学的管理组织模式，实行科学化、规范化、制度化管理，针对不同阶段，采取不同的管理模式、组织形式、协调方式，加强工程前期组织协调、设计协调、施工协调，充分发挥工程建设各方的积极性、主动性和创造性，最大限度地满足或超过业主对工程建设的各项预定目标。

## 第七章

# 代建管理实践

代建管理是一门高智能的领导技术，代建管理人员不仅需要理论知识支撑，而且还需要有实践经验。

为了做好代建管理工作，需要有理论文件的指导，而这个理论文件主要有代建管理大纲、代建管理方案、代建管理实施细则等。其中，代建管理方案是项目代建部编制的指导代建管理工作的指导性文件。如果说代建管理大纲是从宏观的角度阐述如何做代建管理，那么代建管理方案就是从中观的角度去论述如何做好代建管理工作，而代建管理实施细则是从微观的角度去叙述如何做好代建管理工作的。它们是一个整体，分别从宏观、中观、微观的角度阐述怎样做好代建管理工作。这就要求完整、准确、全面地理解掌握其中蕴含的新理念、新方法、新工具。唯有如此，才能做好代建管理工作。

## 第一节 如何编制代建管理方案

代建管理工作，如同其他管理工作一样，不能光靠经验，还要有正确理论的指导。因此，在开展代建管理工作前，编制好代建管理方案就显得尤为重要。

这里结合实际情况和条件，浅谈如何编制代建管理方案，主要包括三方面：①什么是代建管理方案；②为什么要编制代建管理方案；③怎么编制代建管理方案。这些问题不存在唯一的标准答案，不同的人对其有不同的理解，难说对错，却有高下之分。所谓仁者见仁，智者见智。

首先，什么是代建管理方案？

代建单位负责协助业主组织项目实施，对建设工期、施工质量、安全生产、资金管理等负责，依法承担代建项目的质量责任和安全生产责任。而代建管理方案就是指导代建管理工作的重要文件。

这里可以打个比方，它就像是监理规划之于监理工作的重要性。可见，代建管理方案的重要性。

其次，为什么要编制代建管理方案？

为了加强和规范代建单位管理工作，代建单位需要编制有指导性和操作性的文件，用该文件指导代建管理工作。代建单位应结合工程实际情况，编制有针对性的代建管理方案，承担相应的责任和义务，在代建管理过程中贯彻执行代建管理方案。如果项目代建部能够做到代建管理方案中所述，对于保证代建管理工作质量会有非常大的帮助。

当然，代建管理方案不仅在于知，而且在于行，所谓知行合一。理论与实践要相互结合，唯有如此，才能发挥代建管理方案的作用。

最后，怎么编制代建管理方案？

为了做好代建管理工作，代建单位需要掌握代建管理方案编制的内容。这就要求具体情况具体分析，没有两个完全一样的代建项目，因此也不存在两个完全一样的代建管理方案。只要是能够指导代建管理工作的方案，就是好的方案。编制方案的内容可以从三个维度去努力：一是做好策划代建项目的完整、准确、全面的定位与实施工作。主要包括代建项目组织策划的管理；设计阶段的管理；招标投标管理等。二是做好开工前的各项项目管理工作。主要包括开工前的管理；教育培训管理；设计交底及图纸会审管理；方案审批管理；变更管理；物资设备管理；项目风险管理等。三是做好施工阶段的管理工作。主要包括强化监理的管理；施工总承包单位的管理；工程质量管理；投资管理；进度管理；职业健康安全、环保及文明施工管理；危险性较大分部分项工程安全管理；生产安全事故应急预案管理；事故报告、调查与处理管理；档案文件资料及信息管理等。

当然，代建管理方案的内容也不是一成不变的，而是需要根据实际工程的变化进行不断调整、修改、完善。它是随着代建管理实践的发展而不断丰富的，而代建管理的发展是解决代建管理问题的总钥匙。

# 第二节　怎样开展代建管理工作

项目代建管理人员要做好工作，不光是靠经验或者凭感觉，还要有来自项目代建管理成功实践的理论指导。这样才能真正地做好项目代建管理工作，而不是凭感性随意发挥，想到哪里就做到哪里。项目代建管理人员一定要坚持系统的原则，在工程开工前，就要策划好相关代建管理工作，做到有理有据地管理。所谓凡事预则立，不预则废。现就做好代建项目管理工作，主要总结归纳为三点。

首先，要打造好项目代建部。

建立一个受业主欢迎的项目代建部非常重要！这就要求设计好项目代建部，因为同一个代建项目，由不同的项目代建部来管理其效果是不同的，而同一个项目代建部作用于不同的代建项目，产生的效果也不见得是一样的。

因此，代建单位需要针对具体工程的特点和特殊性，按照代建委托合同的要求选派合适的代建管理人员驻场，要求代建项目管理人员专业搭配合理、性格互补、善于沟通协作、形成合力。充分发挥每个代建项目管理人员的主观能动性，充分调动每个人的积极性和创造性。

其实，项目代建部之间是千差万别的。在有的项目代建部里，你能够得到同事的支持，工作配合很好，每天都干劲十足；而在另外一个项目代建部里，你可能经常会感受到压抑和无助，甚至每天上班前都带有恐惧感，会有想要逃避的心理。因此，建立一个好的项目代建部，对于提高代建项目管理能力和水平会有非常大的帮助。

众所周知，项目代建部要顺利完成一个项目，需要设计好组织机构，并形成整体的力量。因为代建项目是一个系统，一般周期都较长，对管理人员专业素养要求较高，这就要求让不同岗位的人发挥各自的作用，人尽其才，让每个人都有用武之地，挖掘每个人的潜能。

其次，要编制好代建管理方案和代建管理实施细则。

如果项目代建部已建立起来了，那么接下来就要编制好代建项目管理方案和管理实施细则，以便指导代建项目管理人员更好地开展各自的工作。当然，代建项目管理方案和管理实施细则也需要根据变化了的情况进行调整，而不是固定不变的。

完成代建管理方案及实施细则编制后，项目代建部应进行内部学习。由项目经理负责组织，项目代建部全体人员积极参与，并分享学习体会和感想。代建项目管理人员学会运用代建管理方案及代建管理实施细则开展工作，在实践中不断完善丰富其内容，赋予其理论的含义，不断地总结经验，用以指导新的实践。

最后，要履行好代建管理职责。

因为项目代建部的人员分工不同，所以每个人的岗位职责不一样，各负其责，协同作战。因此，每个代建项目的管理人员要非常清楚自己的第一角色，需要编制一份自己的岗位说明书，并能够将自己的职责转化为行动，做到知行合一。

## 一、项目代建部相关人员的职责

1. 项目负责人

（1）受代建单位委托，按照项目服务管理合同要求，代表建设单位全面履行项目开发建设的全过程管理工作职责；

（2）组建项目代建部，优化人员结构；明确各成员岗位职责，落实责任。做到分工协作，团结一致；

（3）负责组织编制代建管理方案，并及时与建设单位沟通，建立顺畅的沟通机制；

（4）负责组织制定代建项目各阶段的计划，协助建设单位做好开工前的各项准备工作，及时向建设单位请示和汇报，征得建设单位的理解和支持；

（5）负责组织召开代建管理的重大会议，形成代建管理会议纪要；

（6）积极主动地进行阶段性考评，提出代建项目阶段性报告等。

2. 项目经理

（1）积极协助代建项目负责人全面负责项目的日常代建管理工作；

（2）积极协助代建项目负责人落实代建项目组织，优选合格的代建管理人员；

（3）积极协助代建项目负责人进行项目代建部团队建设；

（4）积极协助代建项目负责人全面掌握项目目标，参与制定项目各阶段的计划；

（5）负责组织落实代建项目实施过程的质量、进度、投资、安全文明施工等管理；

（6）积极协助代建项目负责人与项目外部沟通，获取项目所需资源以及建设单位、相关政府部门的支持和理解；

（7）积极协助代建项目负责人与参建各方沟通，全面协调、推进总体目标的实现；

（8）负责执行代建项目计划，跟踪项目实施措施落实，对代建项目运行情况进行调控。

3. 项目技术负责人

（1）负责组织落实建设单位办理报审、报建等所需的资料；

（2）负责组织编制设计各阶段进度计划及设计任务书；

（3）负责代建项目的设计管理工作，以及组织设计审核；

（4）组织召开各种设计方案专题会；

（5）负责对设计、施工等的招标评标工作中的技术文件进行审核；

（6）负责对重大工程变更、施工深化设计等设计文件的审核管理工作；

（7）负责组织对工程质量、安全事故等方面的技术问题进行调查研究，分析并解决问题；

（8）负责组织对考察对象的技术条件进行考察和评价。

## 二、代建单位的职责

代建单位按照合同约定代行项目法人的项目建设管理职责，并开展相应专业服务。主要包括以下内容：

（1）依据批准的项目建议书依次组织编制报批项目可行性研究报告、初步设计；

（2）办理代建期所需的各项审批和前期手续；

（3）代建单位按照合同约定积极承担项目前期咨询、勘察、招标代理、造价咨询等服务，并依法组织设计、监理、施工、设备材料供应的招标工作；

（4）积极主动地对项目投资、质量、进度、安全、合同、信息、协调等进行全过程管理；

（5）积极向业主提出年度投资计划；

（6）协助业主编制项目竣工财务决算；

（7）整理汇编移交代建资料；

（8）其他涉及代建项目的有关工作。

# 第三节　代建管理方案典型案例

什么是案例？从字面上理解："案"是"个案"，是包括了"背景、冲突、经过、结果"的动态发展变化过程;"例"是"范例",是能为其他同样"个案"提供参考的共性经验、普遍规律。之所以编写案例,是因为案例是从实践中产生的。实践是最好的老师,既有血又有肉,它可以作为培训教育学习的材料。

一个好的代建管理方案对于做好代建工作非常重要!因为它可以指引项目代建部更好地开展工作,让其有目标、有计划地完成代建管理工作。如果没有代建管理方案,那么项目代建管理人员可能就会漫无目的地工作。如果代建管理人员能够按照代建管理方案去行动,那么对于提高代建管理能力会有非常大的帮助。

可见,代建管理方案在管理工作中的重要地位和作用。为此,代建管理人员需要掌握编写代建管理方案的技巧,同时要掌握代建管理方案的内容。善于总结代建管理过程中的经验,在实践中学习代建管理知识,并把管理知识转化为实际行动,从而取得实效。

一般来说,代建管理方案主要内容包括:代建项目组织策划的管理;设计阶段的管理;招标投标管理;开工前的管理;教育培训管理;设计交底及图纸会审管理;方案审批管理;变更管理;物资设备管理;项目风险管理;强化监理的管理;施工总承包单位的管理;工程质量管理;投资管理;进度管理;职业健康安全、环保及文明施工管理;危险性较大分部分项工程安全管理;生产安全事故应急预案管理;事故报告、调查与处理管理;档案文件资料及信息管理。

为了让读者更好地详细地理解这些内容,下面主要针对这二十个方面进行具体叙述。

## 一、代建项目组织策划的管理

代建单位负责项目建设全过程管理工作,在代建管理服务期限内建设单位授权代建单位在合同约定的范围内行使项目建设管理权,按照建设单位授权签订与项目相关的各类合同,并确保合同约定的各项管理目标的顺利实现。

代建单位全权负责工程项目开发建设过程中的组织协调管理、计划管理、技术管理等方面。在项目的实施过程中，起到建设单位代理人和工程管理顾问的作用。某种程度上，代表建设单位行使部分权利和履行相应的义务。

## （一）项目概况

1. 项目基本概况
（1）工程名称；
（2）工程地点；
（3）工程规模。
2. 项目工期目标
按照合同约定。

## （二）代建管理范围

代建单位必须严格按照批准的规模和要求，组织建立科学、有效的代建管理制度，随时接受建设单位的监督、检查，依据合同对代建项目进行总负责和总协调。代建单位具体负责的管理工作，针对不同的工程有所不同，所谓具体情况具体分析。

## （三）组织策划

1. 代建单位的内涵
它是建设单位的代理人，应理解建设单位对工程建设的意图，充分发挥代建单位的业务水平和管理经验，为建设单位提供专业的，从前期咨询、设计、施工到竣工验收等全过程管理服务。运用代建管理的模式对建设项目进行全面管理，充分发挥领导、凝聚、桥梁等作用。

2. 项目代建部人员组织架构
根据工程实际情况需要，建立适合的项目代建部，需要充分发挥每个人员的优势和特长。一般来说，主要由项目负责人、项目经理、项目技术负责人、工程管理人员、设计管理人员、合同管理人员、造价管理人员、招标采购管理人员、信息管理人员等组成。

### (四) 代建管理工作会议制度

1. 会议目的和要求

(1) 为及时传达、贯彻有关精神，强化工程建设的组织领导、指挥与协调，使会议活动制度化、程序化、标准化，根据建设工程管理的实际需要，确定会议制度。

(2) 应贯彻节俭、效率的原则，尽量压缩会议的数量、规模，努力提高会议议事效率。

(3) 做好会议的准备工作，会前先发会议通知，明确会议召开的时间、地点、与会人员以及会议主题和内容，请与会者做好参会准备。

(4) 参与会议的人员应该按时到会，不得迟到、早退；凡不能参加会议的，要在会前向会议主持人请假，说明请假理由，并派出代表参加会议。

(5) 对于会议纪要，由专人负责记录，会议纪要整理后交会议主持人审核、签发。

2. 代建管理例会

项目代建部除日常随时与建设单位保持沟通外，项目代建部与建设单位的协调会应每周一次，项目代建部相关人员参加，使项目代建部成员充分理解建设单位的意图和管理理念，及时向建设单位报告工程实施情况并提供充分的、准确的信息，协助建设单位处理相关事宜。

3. 项目代建部内部工作例会

(1) 项目代建部内部工作例会由项目代建部项目负责人主持，全体代建管理人员参加。

(2) 例会每周五召开一次，主要总结上周的工作，计划下周的工作，并对相关事项进行研究和部署。

4. 代建人员参与第一次工地例会

(1) 建设工程第一次工地会议由建设单位主持召开，项目代建部项目负责人应主动协同建设单位开好第一次工地会议。

（2）代建单位（建设单位）应做好会前准备工作：

1）办理工程质量监督、施工许可证等前期报建批文；

2）会议程序与签到表；

3）其他开工准备工作。

5. 代建管理协调会

（1）代建管理协调会由项目代建部项目负责人或建设单位主持，建设单位代表和其他参建方负责人及相关人员参加。

（2）代建管理协调会召开完毕，及时印发会议纪要，会议议定事项，由相关单位执行。

6. 需要代建管理人员参与的外部会议

（1）政府主管单位主持的、需要项目代建部参加的会议，由项目代建部项目负责人安排人员参加。

（2）代表项目代建部参加外部会议人员要做好会议记录，并负责将会议的有关情况向项目代建部项目负责人汇报，必要时在项目代建部内部做好会议传达。

## 二、设计阶段的管理

根据委托代建合同的约定，若项目设计工作由代建单位具体管理，在此阶段，代建单位的主要工作内容有：编制设计要求、选择设计单位；组织评选设计方案与设计招标、对各设计单位进行协调管理；监督设计合同履行；审查设计进度计划并监督实施；核查设计大纲和设计深度；提出设计评估报告；审核设计概算。

为规范项目设计管理工作，让设计各项工作能够按预定的投资目标、进度目标、质量目标完成，达到项目安全可靠性、适用性、经济性要求，提高工程建设项目管理工作效率，对项目设计工作进行管理、指导、监督、检查、考核。

## （一）设计阶段的管理流程

一般来说，设计阶段的管理流程有八点：一是招选初步设计、施工图设计单位；二是签订设计合同；三是制定设计要点；四是编制设计文件；五是初步设计报批、施工图设计审查；六是施工图会审及交底；七是施工过程设计变更及审批；八是设计文件归档。

## （二）设计质量控制

（1）在阶段设计完成时，对设计图纸加强审核、检查，必要时聘请有关方面的专家进行专家会审。

（2）对于设计的要求，有来自建设单位的，也有来自城市规划、环保、消防等部门的。因此，代建单位需充分了解各方面的意图和要求，督促设计单位将这些意图和要求转化成有关的设计语言详细描述到有关的文件中。

（3）为了有效地控制设计质量，必须对设计质量进行质量跟踪。定期对设计文件进行审查，发现不符质量标准和要求的，及时协调设计予以修改，直到符合标准为止。控制设计质量的主要手段是进行设计质量跟踪，即在阶段设计完成时，对设计文件进行深入细致的审查。

## （三）设计投资控制

设计阶段项目投资控制的中心思想是采取"预控"手段，促使设计在满足质量安全及功能要求的前提下，不超过计划投资并尽可能地实现节约。

设计阶段投资控制包含两层含义：一是依据计划投资促使各专业设计工程师进行限额设计，并采取各种措施，确保设计所需投资不超过计划投资；二是控制设计阶段费用支出。

## （四）设计进度控制

（1）要求设计单位根据项目设计合同工期要求，编制设计总进度计划，提交设计月进度计划、周进度计划，交代建单位审批后报建设单位备案。

（2）审定设计单位的出图计划，并经常检查计划执行情况，对照实际进度与计划进度，并及时调整进度计划。如发现出图进度滞后，督促设计单位加大力量加快设计进度，以免设计进度滞后。

（3）检查督促设计单位安排详细的初步设计出图计划，如果发现设计单位出图计划存在问题，应及时提出，并要求增加设计力量或加强相互协作，确保按计划出图。

（4）根据项目总体进度安排，参与审查设计单位主要设计进度节点的计划开始时间、计划结束时间，核查各专业进度安排的合理性、可行性，满足设计总进度情况。在阶段设计过程中，要定期检查设计进度完成情况，以便及时调整计划，确保设计整体进度符合要求。

### （五）设计合同管理

为保障项目顺利进行，规范项目合同的订立、履行、变更等管理，需要做好设计合同管理工作。

1. 合同管理分工

项目代建部应设置专职合同管理人员，负责合同的监督、跟踪管理、计划、组织、协调合同行为。

2. 合同的执行、监督和跟踪管理

项目代建部的相关人员负责对与其工作相关的合同进行执行、跟踪、监督管理。项目代建部的专业工程师负责对建筑设计合同的执行情况进行跟踪管理。

3. 合同款项的支付

（1）合同执行过程中的款项支付必须按合同约定，并根据建设单位有关规定办理付款手续。

（2）承包人先提出付款申请，由相关部门审核后，再报代建单位审定。

4. 合同的验收与终止

（1）合同各方全面履行合同约定义务后，合同对方当事人提出验收申请，合同执行部门加以确认并报请项目经理组织有关单位、人员对项目进行验收。

（2）项目验收合格后，按相应程序办理合同结算手续。

（3）合同执行部门应当按照约定全面履行自身义务，同时严格按合同约定条件要求合同对方当事人履行其义务。

（4）提前终止或解除合同的，应与对方当事人签订相关提前终止或解除合同书，明确合同各方应承担的责任。无法与对方当事人就提前终止或解除合同达成协议的，应按照合同有关约定解决。

## 三、招标投标管理

招标工作质量的高低，直接影响甚至决定建设工程项目管理目标能否实现，能否达到工程项目投资、进度、质量目标控制要求。

根据项目的工程特点，本着既确保工程质量安全，又节约投资，全面实现代建管理目标的宗旨，在项目的招标投标工作中，重点抓好项目设计招标、监理招标和施工招标等工作。

（1）在审核招标公告时，除了要符合国家现行招标投标的法律法规外，还要充分体现择优的方法，使更多优秀的设计单位、监理单位、施工单位等进行项目投标，保证招标的高质量。

（2）通过选定的媒体，发布招标公告，使更多有实力的优秀设计单位、监理单位、施工单位等参加报名。然后，按照招标公告的要求，严格进行资格预审，选择有实力的优秀设计单位、监理单位、施工单位等参与投标。

（3）未来的中标单位将直接影响代建单位对整个工程的管理效果，故代建单位必须对入围的投标单位进行资质、实力、业绩等考察，提出考察报告和建议供建设单位参考。

（4）在对招标文件中评标方法的审核上，要充分体现优胜劣汰的原则。同时，在评标时详细向评标委员会介绍工程的情况和特点，使评委们充分了解工程的要求，保证评选出优秀的设计单位、监理单位、施工单位等。

（5）在条件允许的情况下，尽量给评标委员会充足的时间，使评委们熟悉招标文件和评审各投标单位的投标文件。

## 四、开工前的管理

为了让工程早日开工，按照工程建设程序要求，代建单位及时协助业主做好开工前的管理工作，顺利推进工程进展。

### （一）办理开工手续

1. 办理程序

（1）施工许可证是由建设单位向政府建设主管部门申办，代建单位协助建设单位办理，根据实际问题需要，也可以委托施工单位到当地建设主管部门相应窗口办理。

（2）建设单位向发证机关领取《建筑工程施工许可证申请表》。

（3）建设单位持加盖单位公章及法定代表人印鉴的《建筑工程施工许可证申请表》向发证机关提出申请，并提交相关文件。

（4）发证机关收到建设单位申请后，经现场踏勘，对报送文件符合要求以及施工现场已经具备施工条件的，办理施工许可证。

2. 报送文件

（1）建设项目批准文件。

（2）建筑工程用地批准手续和建筑工程规划许可手续。

（3）中标通知书。

（4）施工承包合同。

（5）施工图设计审查批准书。

（6）工程质量、安全监督手续。

（7）其他相关证明材料。

### （二）开工前的检查工作

（1）检查设计交底、施工图会审、报送施工图审查等情况。

（2）检查施工总进度计划、施工组织设计（施工方案）审批等情况。

（3）检查现场质量管理制度、施工单位组织机构、专职管理人员和特种岗位人员情况。

（4）查看现场使用的施工技术标准规范。

（5）检查工程质量检验制度。

（6）检查现场试验室的建立或委托检测单位的落实情况。

（7）检查施工许可证办理情况。

## 五、教育培训管理

为了确保施工单位的各级施工人员了解现场实际情况，了解和遵守项目的各项管理制度，项目代建部督促总包做好对施工项目部人员的教育培训工作，同时加强对分包单位的教育培训管理，确保教育培训计划落实到位，并对培训效果进行考核，确保培训取得实效，并保留教育培训台账。

项目代建部督促施工单位项目部做好教育培训工作，组织有关人员及部门进行教育培训，施工单位项目负责人必须组织全体入场人员参加。培训计划由施工单位项目部制定，项目代建部监督执行。项目代建部督促总包加强分包单位的学习、教育培训工作。

### （一）学习和培训的要求

1. 加强对施工图纸的学习培训

检查督促施工单位对施工图纸进行学习，对发现的问题，会同业主、总包、设计单位及时解决。所有的施工图纸均由总包统一审核，各分包商参加会审，由施工项目部列出各分包商施工过程中应注意的重点。由于图纸原因产生的矛盾，由各分包商书面上报总包单位，由总包单位会同监理、业主、设计单位协调解决。

2. 督促施工单位加强对施工方案编制的学习

督促总包要求分包方编制分包工程的施工组织设计或施工方案，该施工组织设计或施工方案内容要符合已经批准的总包方的施工组织总设计的要求，满足法律法规、技术标准和安全生产的要求；若不能满足，应向分包单位提出，要求给予完善。待补充完善后的施工组织设计或施工方案需重新审查，经总包方和监理方认可后，才能同意分包工程正式开工。

3. 对于教育培训，必要时组织考试

施工单位应当建立安全培训管理制度，保障从业人员安全培训所需经费，对从业人员进行与其所从事岗位相应的安全教育培训；从业人员调整工作岗位的，应当对其进行专门的安全教育和培训。未经安全教育和培训考试合格的从业人员，不得上岗作业。

4. 做好安全三级教育

项目代建部督促施工单位做好安全"三级"教育，并做好工人安全技术交底工作，强化工人的安全意识和行为。

**（二）培训教育的实施**

项目代建部督促施工单位的施工项目部每月底收集本月的教育记录并进行检查讲评。各施工单位负责人必须参加，无教育、无记录或负责人不参加的则按合同或相关要求进行处罚。

督促总包加强对分包单位安全教育、培训的实施。分包工程安全生产的真正主体是分包单位，要想真正控制和减少事故发生，必须从根本上改善分包单位的安全生产条件，规范分包单位安全生产行为，明确和落实分包单位的安全生产责任。

首先，分包单位要将自己的安全生产管理责任制度层层落实，分包单位和总包单位沟通后制定适合项目施工的相关教育制度、安全技术交底制度、检查制度、奖罚制度等各项安全制度，明确各层安全管理考核目标，一切行为必须照章办事，养成遵章守纪的良好习惯。

其次，督促总包组织开展安全生产政策法规、安全文化、安全技术、安全管理和安全技能等系统安全培训，增强全员的安全意识和素质，特别是要提高工人的安全意识，把建筑安全政策法规与安全行为准则转化为自觉行为规范。

## 六、设计交底及图纸会审管理

为了使项目监理部与施工单位了解工程设计特点和设计意图，掌握工程关键部位的质量要求，保证施工质量，设计单位必须依据有关规定，对自己所提交的施工图纸进行有目标、有计划、有系统的技术交底。同时也为了减少图纸的差错，将图纸中的质量隐患与问题消灭在施工之前，使施工图纸更符合施工现场具体要求。

因此，在施工图设计技术交底的同时，各有关单位应对设计图纸进行会审。项目代建部加强对设计技术交底及图纸会审的管理工作。

### （一）设计交底及图纸会审程序

（1）设计交底与图纸会审的前提条件。

1）设计单位必须提供正式施工图纸；对施工单位急需的分项专业图纸应提前交底与会审，但要在成套图纸到齐后再统一交底与会审。

2）在设计交底与图纸会审之前，各有关单位包括项目监理部、施工单位等必须事先指定监理工程师、工程技术人员熟悉图纸，进行初步审查，准备审查意见。

（2）设计交底与图纸会审时，由设计单位负责项目的主要设计人，相关负责人或了解设计情况的工地代表出席，交底与会审时间应在项目开工之前。

（3）设计交底与图纸会审工作是设计图纸施工前的一次详细交代审核，各有关单位必须参加，其中监理单位、施工单位等必须亲自安排人员参加会议，以便全面了解设计意图并检查其可操作性。

（4）设计交底工作的程序

1）先由设计单位介绍设计意图、总体布置与结构设计特点、工艺要求、施工技术措施和有关注意事项。

2）各有关单位提出图纸中的疑问、存在问题和需要解决的问题。

3）设计单位答疑。

4）各单位针对问题进行研究与协商，拟定解决问题的方法。

### （二）图纸会审重点内容

（1）施工图纸与设备、特殊材料的技术要求是否一致。

（2）图纸表达深度与出图范围能否满足施工要求。

（3）施工图之间，总图和分图之间，总体尺寸和分部尺寸之间有无矛盾。

（4）能否满足生产运行安全、经济的要求和检修、维护作业的合理需要。

## 七、方案审批管理

项目方案是组织施工的计划布置，是指导其施工全过程中各项施工活动的管理、技术的综合性文件。方案的编制正确与否，将直接影响工程项目的进度控制、质量控制、投资控制、安全控制四大目标能否顺利实现。

项目代建部督促施工单位充分发挥优势，合理组织施工，科学管理，尽量采用施工新技术，有效地利用人力、物力，整合资源，安排好空间和时间，组织安全文明施工，注意保护环境，确保工程质量，缩短建设工期，对于提高投资效益有着十分重要的意义。

### （一）方案编制和审批程序

（1）在开工前约定的时间内，施工单位必须完成施工方案的编制及内部自审、批准工作，并报监理单位审批。

（2）监理单位接到施工单位报送的施工方案正式文件后，总监理工程师应在约定的时间内，组织专业监理工程师进行审查，提出意见后，由总监理工程师签认。如需修改，由总监理工程师签发书面意见，退回施工单位进行修改、补充，然后再由施工单位重新报审，总监理工程师重新审查。

（3）已审定的施工方案，由监理单位报送代建单位。

（4）施工单位在编制施工方案时，必须结合工程实际情况和单位的具体条件，从组织、技术、管理、合同、经济等方面进行全面、综合分析，确保施工组织设计在技术上可行，经济上合理，措施上得当，有利于安全文明施工，有利于提高工程质量，有利于缩短工期、减少投资。

（5）施工组织设计或者施工方案一经批准，必须遵照执行。施工过程中，如果施工单位要对已批准的施工组织设计或者施工方案进行调整、补充或变动，必须按原审批程序，经专业监理工程师审查，总监理工程师签认后方能实施。

**（二）施工方案编制的相关要求**

（1）施工方案的编制、审查和批准应符合规定的程序。

（2）施工方案应符合国家的技术政策，充分考虑施工合同规定的条件、施工现场条件的要求，突出"质量第一、安全第一"的原则。

（3）施工方案要有针对性。施工单位要了解工程的特点及难点。

（4）施工方案要有可操作性。施工单位要保证工程目标的实现，施工方案要切实可行。

# 八、变更管理

为了加强项目工程的全过程代建管理，规范工程建设中的变更行为，合理有效控制项目费用，项目代建部按照变更管理的客观规律去行动，保证工程变更的合规性和合法性。

## （一）项目代建部的任务

项目代建部的主要任务是提供从项目的前期工作、项目方案深化设计、组织可行性报告的研究和项目建设策划、工程报建、初步设计报审、招标及设备采购管理、工程造价及进度管理、质量安全管理、合同管理、施工管理、信息管理直到验收手续的办理、资产确权和缺陷责任期保修完善等工程项目建设全过程的所有代建管理服务工作。

项目代建部项目经理是项目工程进度、质量、投资、协调管理及具体督促合同执行的责任人，负责审查变更的必要性和经济合理性，按相关管理流程送代建单位有关部门审查，从技术经济上把关。

### (二) 工程变更内容及类别

代建项目工程变更管理主要审查工程变更资料，审查的重点包括变更理由的充分性、变更程序的正确性、变更估计的准确性等。

设计变更是指在工程实施过程中，因工程项目自身的性质和特点，或因设计文件深度不够，或因政策法规调整，或因不可预见因素与环境情况变化，需要变更原有设计文件时，由设计单位充分论证后，对工程项目标准、功能、材料、工艺、质量、构造、尺寸、数量等做出修改或补充设计文件的行为。

### (三) 工程变更责任

(1) 设计变更会引起工程量的增加或减少，新增或删除分项工程，工程质量和进度的变化，实施方案的变化。一般工程施工合同赋予建设单位这方面的变更权力，项目代建部可以协助建设单位直接通过下达指令，重新发布图纸来实现变更。

(2) 工程变更的责任分析：

1) 施工方案变更要经过甲方工程师的批准，不论这种变更是否会给建设单位带来好处。

2) 建设单位向施工单位授标前 (或签订合同前)，可以要求施工单位对施工方案进行补充、修改或作出说明，以便符合建设单位的要求。

3) 在授标后 (或签订合同后) 建设单位为了加快工期、提高质量等要求变更施工方案，由此所引起的费用增加可以向建设单位索赔。

## 九、物资设备管理

为了保证物资设备能够满足工程的实际需要，确保物资设备的质量，项目代建部要加强对物资设备的管理。

(1) 做好进货接收时的联检工作。物资、设备进场后，项目代建部检查、督促相关专业负责人、质检员、试验员参加联合检查验收。

(2) 按规定须进场复试的材料，外观检验合格后，由项目试验员严格按规范规定对原材料进行取样，送试验室试验。

(3) 在对物资设备进行检验的工作完成后，相关的内业资料由专业工程师负责收集齐全后，及时移交项目资料员整理、归档。

(4) 项目代建部检查、督促在检验过程中发现的不合格物资、设备，原则上应做退货处理，并进行记录、处置。

(5) 项目代建部检查、督促物资和设备进场检验时严格按有关验收规范执行，检验合格后方可使用。

## 十、项目风险管理

项目代建部做好项目风险管理非常重要，这就要求明确风险管理目标、风险识别、风险评价与控制。

### (一) 风险管理目标

风险管理目标是制定风险管理计划，变被动为主动控制，进行风险识别和分析，制定风险应对策略，并进行全过程监测和控制。

项目风险复杂多样，在建设实践中可能出现的风险主要有边界风险、管理风险以及其他风险。环境是建设中边界风险存在的根源。在项目实施过程中，由于环境不断地变化，形成了对项目的外部干扰，这些干扰将会造成项目不能按计划实施，偏离目标，造成目标修改，乃至整个工程项目的失败。

风险管理是整个项目管理过程中一个非常重要的环节。风险管理上的失误将不可避免地影响实现项目的某些目标，可能是项目的经济目标，也可能是完成项目任务的其他方面目标。

在整个项目的实施过程中，对风险的持续监控应当作为正常项目管理审查和汇报程序的一部分予以关注，以保证有效地管理已知风险，以及发现和预防因项目环境发生变化而可能产生的任何新的风险。

### （二）风险识别

风险识别就是预见问题的发生。对于建设工程项目，可能产生风险的因素包括：组织风险、设计风险、工期风险、投资风险、质量风险、安全风险、管理风险等。具体来说：

（1）组织风险：组织风险中的一个重要的风险就是项目决策时所确定的项目范围、时间与费用之间的矛盾。项目范围、时间与费用是项目的三个要素，它们之间相互制约。不合理的匹配必然导致项目执行的困难，从而产生风险。项目资源不足或资源冲突方面的风险同样不容忽视，如人员到岗时间、人员的经验和知识及技能不足等。组织中的文化氛围同样会导致一些风险的产生，如团队合作和人员激励不当导致人员离职等。

（2）设计风险：勘察资料不准确，特别是地质资料错误或遗漏；设计内容不完善，规范应用不恰当；设计对未来施工的可能性考虑不周等。

（3）工期风险：由于项目前期各项审批手续办理的时间具有不确定性，一旦前期手续办理拖后，势必影响到整个工程的工期。因此，可能会存在很大的工期风险。

（4）投资风险：工程地质的不确定性，工程变更，政策、价格等的变化，资金使用安排不当等风险事件，最后会引起实际投资超出计划投资。

（5）质量风险：项目管理是一个比较复杂的过程，会有很多不确定因素影响项目质量，例如设计质量、施工质量等。因此，项目也存在着质量风险。

（6）安全风险：因现场管理不善，造成人员伤亡，材料、设备等财产的损毁等。

（7）管理风险：资金是否及时到位、分配是否合理、合同控制是否严格、事故防范措施和计划是否严密，设计人员、监理工程师、施工单位管理人员的能力，部门设置不当造成工作效率不高，权责规定不清造成工作配合和效率不理想等。

### （三）风险评价与控制

在风险管理的过程中，风险管理人员要时刻把握工程进展的脉搏，随时收集与工程建设有关的各种信息，并进行分析、加工和整理，并制定相应的风险防范措施。

通过建立项目管理信息系统，及时收集项目实施过程中反馈的各种信息，并进行统计分析，确定其走势，并预测其对项目实施的影响；同时，密切关注市场形势和国家政策走向，分析其对项目实施的影响。

首先，要对项目风险进行合理的分配。项目风险是时刻存在的，这些风险必须在项目各参建方之间进行合理的分配。只有每个参加者都有一定的风险责任，才能有项目控制的积极性和创造性。只有合理地分配风险，才能调动各方面的积极性。

其次，不同风险采用不同的对策。任何项目都存在不同的风险，风险的承担者应对不同的风险有不同的准备和对策。

## 十一、强化监理的管理

代建单位与监理单位的定位不同。前者对建设单位的工程项目全方位全过程负责，监理单位按合同要求就具体工程对建设单位负责。代建单位负责工程建设对外关系的协调，为监理工作创造良好的外部环境和条件，支持监理单位的正常工作。代建单位应与监理单位有明确的责任范围和权限界定。

### (一) 对监理单位的检查

代建单位对监理单位派出的监理工程师进行资格审查，核对监理人员数量、资格证书是否与监理合同相一致，如不一致，是否有变更手续；是否具备资格证书、监理人员数量是否满足项目需要等。

代建单位对监理单位重点审查以下几方面：

1. 监理合同

检查建设工程监理合同或中标通知书等。

2. 总监理工程师任命书

总监理工程师任命书应加盖监理公司公章及法人章；总监理工程师变更须有相关书面变更手续，并须加盖监理公司公章。

3. 现场监理的管理

（1）检查监理单位对工程使用的材料进行有见证送检，检查监理单位对现场实体质量的检查、旁站监理执行情况。

（2）检查监理单位现场配备必要的工程图集、规范、检测设备、仪器等，满足监理工作的需要。

（3）检查监理单位《监理规划》和《监理实施细则》的编制情况。《监理规划》审批手续齐全、合规，内容有针对性、可操作性，并能及时更新。《监理规划》进行了交底，交底有记录。及时编写专业监理实施细则，能够满足现场项目管理工作需要，编制、审批手续齐全，内容有针对性、可操作性。

专业监理实施细则内容针对项目专业特点，具有可操作性，责任落实，其中对检验批、工序划分明确，符合工程特点；工作范围、程序、方法、控制要点、控制手段符合要求。

旁站监理实施细则（方案）有明确的旁站点、控制内容和旁站监理人员的主要职责，旁站监理的方法、内容、记录符合要求，记录可追溯。

4. 对有关监理的文件管理检查

（1）检查监理单位每月上报监理月报情况。

（2）检查监理例会纪要执行情况。

（3）检查监理日志、旁站记录、监理工程师通知单等情况。

## （二）加强对监理的组织协调管理

（1）协调监理与施工单位的关系。在施工单位刚进场时，代建单位应首先与之取得联系，并将其介绍给监理单位。由监理单位向其发放有关配合监理管理的配合要求。在施工过程中，当施工单位与监理单位发生由其自身不能解决的矛盾时，代建单位及时发现并给予妥善解决。

（2）协调施工单位之间的矛盾。各施工单位之间的相互进度配合等易发生矛盾的地方，原则上由监理单位负责解决。但当矛盾较大时，代建单位根据实际问题需要给予协调解决。

# 十二、施工总承包单位的管理

## （一）审查施工总承包资格

项目代建部对施工总承包单位派出的项目人员进行资格审查，核对人员数量、资格证书是否与投标文件及合同一致，是否具备资格证书，人员数量是否满足项目需要等。

## （二）审核施工组织设计

审查工作由项目代建部负责召集和主持，建设单位现场代表、设计单位和监理单位全体参加。施工组织设计未经审查，监理单位不得擅自签发与之有关的文件。

## （三）现场施工的监督管理

（1）项目代建部应当对工程的质量、进度、安全与文明施工等管理采取定期或不定期检查相结合的方式进行监督检查。

（2）项目代建部应当对监督检查中发现的各项问题予以协调处理。重大问题应当及时下发整改通知单，并督促监理和施工单位跟进落实处理意见，对整改通知单进行闭合管理。

# 十三、工程质量管理

项目代建部必须按合同约定全面履行项目建设活动的质量监督管理工作。对勘察、设计、监理、施工等单位所进行建设活动的工程质量实施全过程的质量控制和监督管理。

## （一）项目代建部人员架构及质量管理职责

1. 组织架构

一般来说，由项目负责人、项目技术负责人等构成。

2. 质量管理职责

（1）项目负责人的质量管理职责

1）对所承担项目的工程质量全面负责，认真贯彻质量管理方针和管理目标，保证质量体系文件有效运行，确保项目质量管理目标的实现；

2）负责组织、领导、监督、检查各参建单位对项目的工程质量进行策划、制定项目质量目标，明确项目质量管理人员的职责和权限；

3）负责项目代建部人员的安排，并规定其职责范围；

4）负责组织落实工程实施过程的质量管理与控制，并检查其效果。

（2）项目技术负责人的质量管理职责

1）负责对工程实施过程的有关质量的重大工程变更、施工深化设计等设计文件的审核管理工作；

2）负责对专项施工方案中的技术条件进行审查；

3）负责组织对工程质量技术问题进行调查分析；

4）负责组织召开涉及质量问题的设计、施工图深化设计等专题会议；

5）负责项目有关质量技术管理工作，并负责对项目质量技术类方案及文件的审查。

## （二）质量控制管理方法

代建管理人员对有效质量控制方法的熟练运用就是其质量控制能力。因此，代建管理人员掌握质量控制方法非常重要，主要做好代建管理的事前质量控制、事中质量控制和事后质量控制。

1. 事前质量控制

（1）熟练掌握质量控制的技术依据

1）施工图纸和设计技术说明；

2）各专业工程施工质量验收规范标准；

3）有关工程质量强制性标准条文；

4）设计交底会议纪要、图纸会审记录及设计变更文件等资料。

（2）审查开工条件、施工单位及人员的资质

1）审查必备的开工条件，比如，施工图纸是否已经确认，是否经过图纸会审等；

2）检查施工单位项目经理、项目技术负责人等是否到位。

（3）原材料、构配件和设备质量控制

审核原材料、构配件和设备的质量出厂证明文件、合格证、检测报告和试验报告等。

（4）施工机械或者仪器的质量控制

1）对于重要的施工机械，应按技术说明书检查其相应的技术性能；

2）仪器等应有合格证和说明书，应在有效期内使用。

（5）审查施工组织设计、施工方案

1）对施工单位提交的施工组织设计或专项施工方案提出审核意见和建议，发现问题，退回施工单位修改；

2）要求施工单位编制施工质量控制措施，发现问题，提出修改建议。

2. 事中质量控制

（1）施工工艺过程质量控制：

代建管理人员要坚持下道工序就是顾客的理念，认真控制好每道工序

的质量，做到以工序质量控制为核心，按检验批、分项、分部工程的特点设置质量控制点；严格检查施工工艺质量，检查每道工序的投入是否满足要求。因为工程项目的质量主要是靠做出来的，而不是靠检查出来的。为此，在必须控制好每道工序质量的同时，要尽量做好质量预控，以免验收时，质量不合格导致返工。

（2）工序交接检查：

1）项目代建部要求施工单位做好自检，自检合格后通知监理单位验收；

2）对于一般工序检查，项目代建部督促施工单位通知监理单位进行验收；

3）项目代建部要求工序检验意见由监理单位参加人员签署，检验合格后才能进行下道工序，确保每道工序质量合格。同时要求施工单位内业资料与施工进度同步，避免事后补资料，保证资料填写及时、准确和全面。

（3）隐蔽工程检查验收：

项目代建部督促监理单位必须严格执行工序管理，落实各工序施工前技术交底、工序自检和交接检查程序，上道工序未经监理单位检查验收合格不得同意施工单位进入下道工序施工。对隐蔽工程和关键部位施工实施旁站监督。工程具备隐蔽条件，项目代建部督促监理单位应在施工单位自检合格的基础上及时进行隐蔽工程验收。验收不合格，督促监理单位责令施工单位限期整改后重新验收。

监理单位不能按时进行隐蔽工程验收的，应在验收前 24 小时以书面形式向施工单位提出延期要求，延期不得超过 48 小时。监理单位未能按以上时间提出延期要求且不进行验收的，施工单位可自行组织验收，监理单位应承认验收记录并对此负责，由此给建设单位或施工单位造成损失的，由监理单位负责赔偿。

（4）项目代建部督促监理单位要求施工单位做好分部分项工程的日常质量自检。

（5）项目代建部督促监理单位负责项目工程质量事故的处理，验证施工单位出现质量事故的原因，监督施工单位提出、落实补救措施。

（6）项目代建部督促监理单位根据《质量安全保证计划》和《职业健康安全计划》，要求施工单位在施工现场建立健全质量安全保证体系。

3. 事后质量控制

（1）分部分项工程完工后，项目代建部督促监理单位及时组织验收；

（2）项目代建部督促施工单位及时收集、整理工程技术文件资料；

（3）项目代建部督促监理单位参与质量事故处理，并对质量事故的原因和责任进行总结分析，提出质量事故处理建议；

（4）项目代建部督促监理单位加强对竣工预验收管理。

# 十四、投资管理

为加强项目施工阶段投资控制管理，合理确定项目投资控制目标，提高投资效益，项目代建部应加强投资管理工作。

## （一）资金使用计划的管理

1. 依据

（1）可行性研究报告；

（2）设计概算；

（3）施工图预算；

（4）施工合同；

（5）其他。

2. 内容

资金使用计划的编制主要是根据项目的施工进度计划，安排代建项目在不同时段所需要的资金，它是实现投资管理的控制手段。资金使用计划的编制过程主要包括编制的准备、投资目标的分解和编制等。

3. 方法

代建单位可以根据投资构成、子项目、时间进度等 3 种方法编制资金使用计划。

### （二）工程计量及工程价款的支付管理

1. 内容

工程计量是向施工单位支付工程款的前提和凭证，是约束施工单位履行施工合同义务、强化施工单位合同意识的手段。代建单位应充分发挥监理单位及造价咨询单位在工程计量及工程款支付管理中的作用，应严格审查工程款。

2. 方法

（1）代建单位在审核承包单位提交的工程计量报告时应重点审核如下内容：

1）审核计量项目；

2）审核计量计算规则；

3）审核计量数据。

（2）代建单位审核承包单位提交的进度款支付申请，审核内容主要包括以下内容：

1）审核分部分项工程综合单价；

2）审核形象进度；

3）审核进度款支付比例；

4）审核计日工金额；

5）审核应抵扣的预付款；

6）审核工程变更金额；

7）审核工程索赔金额。

### （三）现场工程签证的管理

现场工程签证是指在施工现场由代建单位、造价咨询单位、监理单位和施工单位共同签署的，必要时需由委托方或使用单位签认，用以证实在施工过程中已发生的某些特殊情况的一种书面证明材料。现场工程签证的管理必须坚持"先签证、后施工"的原则。

## （四）索赔费用的管理

代建单位对于施工过程中索赔费用的管理，主要包括如下内容：

（1）索赔的预防，做好施工记录，为可能发生的索赔提供证据；

（2）索赔费用的处理，包括索赔费用的计算及索赔审批程序。

# 十五、进度管理

为确保工程按期竣工并交付使用，代建管理人员需要采取组织、技术、合同和经济等措施对进度进行控制，把进度控制在合同工期内，主要措施如下：

1. 组织措施

（1）建立项目代建部进度控制组织架构，安排专业工程师负责进度控制相关工作。

（2）为了加强各参建方对进度的重视，项目代建部组织召开进度协调会议，建立进度协调会议制度。

（3）项目代建部督促施工单位设计好进度控制组织架构，明确各级进度人员的职责分工。

（4）审查施工单位投入的人员、材料、设备是否满足进度要求，是否存在工作面闲置的现象。

（5）重点监控进度控制点。对进度进行动态管理，按照工程总承包合同或者奖惩管理办法的规定，对进度控制点完成情况进行奖罚。

（6）建立进度控制目标体系，督促监理单位明确进度控制人员以及职责分工，加强相互协调。

2. 技术措施

（1）项目代建部督促监理单位加强对开工申请的审批管理。

（2）项目代建部审批施工单位的总施工进度计划。

（3）项目代建部及时对进度计划执行情况进行检查，发现实际进度与进度计划不一致，及时下发代建管理通知单要求施工单位采取措施，加快进度，把滞后的进度赶上来，确保最终进度目标的实现。

（4）编制施工进度控制代建管理实施细则，指导工程师按细则严格控制进度。

（5）项目代建部督促监理单位做好工程总进度计划和施工组织的管理。

1）项目代建部应督促监理单位对施工单位编制的工程总进度计划进行审批，并监督施工单位严格按照审批的工程总进度计划和施工组织设计进行施工准备、施工组织和施工管理。如施工进度计划和施工组织设计不符合合同要求或与工程的实际进度不一致的，项目代建部督促监理单位要求施工单位提交修订的施工进度计划和施工组织设计，并附具有关措施和相关资料。

2）项目代建部督促监理单位负责受理并审查批准施工单位提出的工程总进度计划变更申请。

3）发现违反工程总进度计划和施工组织设计或未经批准擅自改变工程总进度计划和施工组织设计的随意施工行为，项目代建部应督促监理单位责令施工单位限期整改，直至下达停工整顿指令。

3. 合同措施

（1）工程总承包合同签订前，项目代建部督促监理单位严格审核施工单位的资质，防止因施工单位的能力和水平，影响工期目标的最终实现。

（2）项目代建部督促监理单位加强统筹各分包单位的进度，使其与总包单位进度计划有机衔接，并明确各分包单位自身的进度目标和责任。

（3）项目代建部督促监理单位加强协调总包单位负责总体施工进度，各分包单位对自身进度负责的同时，服从总进度计划的协调。

（4）项目代建部督促监理单位充分利用工程总承包合同中有关进度条款的规定，要求总包单位投入足够的资源，保证施工进度。

（5）项目代建部督促监理单位加强对工程总承包合同中有关进度条款执行情况的分析、纠偏、修改和完善。

（6）项目代建部督促监理单位加强对施工计划的检查和分析，发现进度滞后，及时要求总包单位采取措施纠偏，并及时编制进度报告送建设单位，取得建设单位的支持和理解。

（7）项目代建部督促加强风险管理，在工程总承包合同中充分考虑风险因素及其对进度的影响。

（8）项目代建部督促监理单位负责监督控制总承包单位按照工程总承包任务实施合同规定的工期组织施工，协助总承包单位解决影响工期进度的突出问题。发现项目无法按期竣工或者可能无法按期竣工时，监理单位应查明原因、分清责任并提出处理意见，督促监理单位以书面形式报项目代建部。

4. 经济措施

（1）项目代建部对进度协调会议精神、有关进度问题的代建管理通知单的执行情况进行量化奖罚，做到奖罚分明，有理有据。

（2）项目代建部熟练运用有关合同的进度条款，采取合理的经济手段调控进度。

# 十六、职业健康安全、环保及文明施工管理

项目代建部为了做好职业健康安全、环保及文明施工管理，根据实际情况，设计合理的组织机构，包括项目负责人、项目经理、项目技术负责人、现场管理员等，充分发挥各级人员的主动性、积极性和创造性，使其做到尽职履责，让项目代建部人员清楚了解其各自岗位职责说明书的内容。

## （一）职业健康安全管理

（1）项目代建部检查《职业健康安全计划》编制的目录，检查其包含的内容是否全面。

（2）项目代建部检查《职业健康安全计划》中的工程概况内容是否符合工程实际情况，是否详细。

（3）项目代建部检查《职业健康安全计划》中编制的规范性文件是否过期或者作废。

（4）项目代建部检查职业健康安全管理方针和目标是否符合要求。

（5）项目代建部检查职业健康安全管理组织机构及职责是否符合合同约定。

（6）项目代建部检查项目职业健康安全风险分析是否符合要求；是否有职业健康危险源及环境风险的辨识；是否有职业健康危险源及环境因素评价；是否有危险源的管理与控制措施。

（7）项目代建部检查项目职业健康安全管理实施是否符合要求。

## （二）环保管理

（1）项目代建部编制环保管理方案和计划。

（2）项目代建部督促施工单位编制《环境保护方案》。

（3）项目代建部安排专业工程师具体负责督促施工单位对《环境保护方案》的落实。

（4）项目代建部检查施工单位是否按照《环境保护法》制定环境保证措施、环境管理计划。

（5）项目代建部督促施工单位严格按相关环境保护制度执行。

（6）项目代建部要求施工单位现场明确环境保护领导小组。

（7）项目代建部要求施工单位建立环境保护检查制度。

（8）项目代建部要求施工单位落实扬尘污染防治管理措施。

（9）项目代建部要求施工单位落实噪声和污水处理防治管理措施。

（10）项目代建部要求施工单位落实固体废物污染环境防治管理措施。

（11）项目代建部要求施工单位对环境因素进行评价，并符合要求。

（12）项目代建部要求施工单位编制重要环境因素清单。

（13）项目代建部督促施工单位加强节约用水宣传，并进行正面引导。

## （三）文明施工管理

（1）项目代建部督促施工单位做好《文明施工管理方案》。

（2）项目代建部督促施工单位建立健全的文明施工管理组织架构。

（3）项目代建部督促施工单位采取措施落实《文明施工管理方案》的要求。

（4）项目代建部发现文明施工存在的问题，及时以书面形式提出，要求施工单位进行整改，并督促监理单位跟进问题整改落实进展。

## 十七、危险性较大分部分项工程安全管理

项目代建部需要根据工程实际情况，加强对危险性较大分部分项工程的安全管理，保证工程的安全。

### （一）管理要求

（1）项目代建部进场后，项目代建部项目负责人组织成员对工程建设中存在的危险性较大的分部分项工程进行识别，编制危险性较大的分部分项工程清单和安全管理措施。

（2）项目代建部要求监理单位将危险性较大的分部分项工程的管理措施列入监理规划、编制相应的监理实施细则，并明确安全监理工作程序、方法和措施。

（3）项目代建部核查总监理工程师对施工单位报审的专项方案的合法性、完整性、可行性和可靠性是否进行了认真审查、签字。

（4）项目代建部要求专项方案应当由施工总承包单位组织编制。其中，起重机械安装拆卸工程、深基坑工程等专业工程实行分包的，其专项方案可由专业承包单位组织编制。

（5）超过一定规模的危险性较大的分部分项工程专项方案应当由施工单位组织召开专家论证会。实行施工总承包的，由施工总承包单位组织召开专家论证会。

（6）专项方案经论证后，专家组应当提交论证报告，对论证的内容提出明确的意见，并在论证报告上签字。该报告作为专项方案修改完善的指导意见。

（7）项目代建部要求施工单位根据论证报告修改完善专项方案，并经施工单位技术负责人签字，实行施工总承包的，应当由施工总承包单位、相关专业承包单位技术负责人签字。

（8）专项方案经论证后需做重大修改的，项目代建部要求施工单位按照论证报告修改，并重新组织专家进行论证。

（9）超过一定规模的危险性较大的分部分项工程专项方案专家论证报告及施工单位根据专家论证报告修改完善的专项方案，须经项目总监理工程师进行审查并签字，再经项目代建部核查，最后报送建设单位项目负责人签字后，施工单位方可组织实施。

### （二）加强过程监管

（1）项目代建部督促监理单位对专项方案实施情况进行现场监理，并对关键工序实施旁站监理，对不按专项方案实施的，督促监理单位要求施工单位进行整改，施工单位拒不整改的，应当及时向安全生产监督管理站和建设单位报告；若存在重大安全危险时，项目代建部责令施工单位停工整改并报安全生产监督管理站和建设单位。

（2）对于按规定需要验收的危险性较大的分部分项工程，项目代建部应督促监理单位组织有关人员进行验收。验收合格的，经施工单位项目技术负责人及项目总监理工程师签字后，方可进入下一道工序。

## 十八、生产安全事故应急预案管理

为贯彻落实"安全第一、预防为主、综合治理"方针，项目代建部督促施工单位规范项目部应急管理工作，增强应急预案的科学性、针对性、实效性，提高项目代建部应对风险和防范事故的能力，保证生命安全，最大限度地减少财产损失、环境损害和社会影响。项目代建部指导施工项目部做好生产安全事故应急预案编制工作，解决施工项目的应急预案要素不全、操作性不强、应急体系不完善等问题。

### （一）事故风险分析

1. 安全风险常见类型

一般来讲，安全风险是指在整个建筑工程施工过程中，发生危险、发生事故，从而造成人员伤亡、财产损失的可能性或概率。我国建筑施工中常见的安全风险主要有高处坠落、施工坍塌、物体打击、起重伤害、机具伤害"五大伤害"类型。另外，触电、火灾等安全事故也时有发生。

2. 安全风险发生的主要原因

建筑施工是由人员、设备、环境和管理四方面组成的系统，特点是工序多、作业过程复杂、生产过程始终处于动态变化中。分析表明事故的原因主要归咎于人、物、环境三者的相互关系，并受管理的制约。

（1）人的原因

这里的人主要是指操作工人、管理人员和其他现场人员等。人的不安全行为大多是因为对安全不重视、态度不正确、技能或知识不足、健康或生理状态不佳和劳动条件不良等因素造成的，是事故的重要致因。包括违章指挥、违章作业、违反劳动纪律的"三违"现象。

（2）物的原因

物的不安全状态是生产中的危险源，它是构成事故的物质基础。如防护用品缺乏或缺陷，存在危险物和有害物等。另外，有些施工机械设备和装置结构不良、年久失修、零部件过度磨损或带"病"作业，加之施工中超负荷运转，加重设备的老化程度或导致安全防护装置失灵等。

（3）环境的原因

不安全的环境是引发安全事故的直接原因。不安全的工作环境因素主要有通风不良、噪声过大、物料储放不当等方面。在外界环境作用下，工人在操作时很难做到思想高度集中，容易造成分心、紧张、烦躁、反应力差等。

（4）管理的原因

管理缺陷会引起设备故障或人员操作失误，许多事故的发生是由于管理不到位而造成的。管理的原因是事故直接原因得以存在的前提条件，包括技术指导上的缺陷；劳动组织不合理；没有安全操作规程或操作规程不健全；对安全工作检查指导不足或有误；教育培训力度不够；事故防范措施不认真落实；安全隐患整改不到位等。

### （二）项目代建部安全管理职责

（1）生产安全事故应急抢险救灾工作必须在项目代建部统一领导下，相关部门分工合作，密切配合，迅速、高效、有序开展。

（2）生产安全事故应急抢险救灾指挥部总指挥由项目代建部项目负责人担任，副总指挥由项目经理担任，成员由项目部全体管理人员组成。

（3）生产安全事故应急抢险救灾指挥部下设应急现场管理组，由现场管理员负责。

（4）生产安全事故应急现场管理组的职责。

1）组织有关施工项目部按照应急预案迅速开展抢险救灾工作，力争将损失降到最低程度；

2）根据事故发生状态，督促施工项目部做好应急预案的实施工作，并对应急工作中发生的争议采取紧急处理措施；

3）根据预案实施过程中发生的变化，及时对预案提出调整、修订和补充；

4）根据事故灾害情况，有危及周边单位和人员的险情时，组织进行人员和物资疏散工作。

### （三）预警及信息报告

1. 危险源监控

（1）危险源监控方式

项目代建部对现场的主要危险源进行定期检查和评估，通过预测、预报和预警的方式逐级上报，分级管理。

（2）预防措施

项目代建部督促施工单位对主要危险源所辖施工项目部落实逐级安全生产责任制、消防安全责任制和岗位防火安全责任制，开展经常性的防火防爆、交通安全宣传教育，提高工人的安全意识，严格落实动火管理制度，及时纠正违章行为，消除各类隐患，加强安全设施的管理，全面提高预防、抵御突发性事故带来的各种不利因素的综合能力。

2. 预警行动

（1）预警的条件

一旦发生突发性生产安全事故，立即启动应急预案，实施救援。

（2）预警的方式

当突发性生产安全事故发生时，最早发现的人应立即报告应急救援项目代建部，应急救援项目代建部应按照应急预案及时研究确定应对方案，同时通知施工项目部采取相应行动预防和控制事故的发生和扩大。

（3）预警的方法

项目代建部确认易导致突发性生产安全事故的信息后，应及时确定应对方案，通知施工项目部迅速采取相应行动，预防事故发生，并通知有关人员进入预警状态，并连续跟踪事态发展。

3. 信息报告与处置

（1）信息发布程序

项目代建部接到可能导致突发性生产安全事故的信息后，按照预警信息及时研究确定解决方案，通知施工项目部启动相应预案。

（2）信息报告与通知

突发性生产安全事故发生后，最早发现的人应及时、主动、准确地将信息上报给应急救援项目代建部。

（3）信息上报

1）事故信息上报采取分级上报原则，逐级报告，特殊情况可越级报告。

2）信息上报内容包括：事故发生的时间、地点以及事故现场情况，事故简要经过，事故已经造成或者可能造成的伤亡人数和初步估计的直接经济损失，已经采取的措施及其他应当报告的情况。

### （四）应急响应

1. 响应分级

根据事故危害程度、影响范围和单位控制事态的能力，将事故分为轻微、一般、严重、特别严重四级。

2. 事故应急响应

（1）重特大事故发生后，应急救援项目代建部应根据职责和权限立即启动应急预案，安排救援队伍，及时有效地进行处置、控制事态。

（2）应急响应发生后，应急救援项目代建部应加强协调，密切配合，形成合力，共同实施抢险救护和紧急处置行动。

（3）现场抢险救护工作要按照应急方案的程序有效进行，需要改变救援方案的，必须在确保减少人员伤亡和财产损失的情况下进行，同时应报告应急救援项目代建部。

（4）如果事故事态急剧恶化，出现了紧急情况，应急救援项目代建部应及时动员和调动各方面力量参与抢救。

3. 事故应急结束

当伤员全部获救，事故现场得到控制，环境符合有关标准，导致次生、衍生事故隐患得以消除后，经应急救援项目代建部确认、批准后，现场应急处置工作结束，各应急救援队伍方可撤离现场，应急响应结束。

### （五）信息公开

由应急救援项目代建部对外发布事故信息，本着如实、真诚、公开的原则对外发布信息；由项目代建部项目负责人对内及时发布事故信息。

### （六）后期处置

后期处置主要包括以下内容：

（1）污染物处理。

（2）事故后果影响消除。

（3）生产秩序恢复。

（4）善后赔偿。

（5）抢险过程和应急救援能力评估。

（6）应急预案的修订等。

**（七）保障措施**

（1）通信畅通。相关人员要加强密切联系。

（2）应急队伍保障。项目代建部督促各参建单位选取项目的骨干，建立自己的应急救援队。

（3）应急物资装备保障。在专项应急预案中，应明确应急救援需要使用的应急物资和装备的类型、数量、性能、存放位置、管理责任人及其联系方式等。

（4）经费保障。有关财务部负责应急专项经费，并确定使用范围、数量和监督管理措施，保障应急状态时应急经费能及时到位。

**（八）培训和演练**

（1）项目代建部督促各参建单位结合各自特点，积极向相关单位应急救援组成员宣传、学习事故应急预案，避险、自救、互救常识，提高相关人员的应急救援能力。

（2）项目代建部督促施工项目部组织一次生产安全事故的应急救援演练，演练前必须明确应急演练的规模、方式、频次、范围、内容、组织、评估、总结等内容。演练结束后，要及时总结演练实战经验。

# 十九、事故报告、调查与处理管理

为了加强对生产安全事故的报告、调查和处理工作，确保人身安全，落实生产安全事故责任追究制度，防止和减少生产安全事故，减少经济损失，及时报告、调查、处理伤亡事故，积极采取预防措施，避免事故重复发生。

项目代建部根据《中华人民共和国安全生产法》《生产安全事故报告和调查处理条例》及有关法律法规，做好事故报告、调查与处理管理等工作。

**（一）事故的分类**

1. 按事故责任分类

（1）指导责任事故

指由于工程指导或领导失误而造成的质量事故。

（2）操作责任事故

指在施工过程中，由于操作者不按规程或标准实施操作，而造成的质量事故。

（3）自然灾害事故

指由于突发的严重自然灾害等不可抗力造成的质量事故。

2. 按质量事故产生的原因分类

（1）技术原因引发的事故

指在工程项目实施中由于设计、施工在技术上的失误造成的质量事故。

（2）管理原因引发的事故

指在管理上的不完善或失误引发的质量事故。

（3）社会经济原因引发的事故

指由于经济因素及社会上存在的弊端和不正之风导致建设中的错误行为，而造成的质量事故。

**（二）事故的报告**

（1）事故发生后，事故现场有关人员应当立即向项目代建部项目负责人报告；项目代建部项目负责人接到报告后，应当立即向代建单位负责人报告；代建单位负责人接到报告后，应当于1小时内向事故发生地人民政府安全生产监督管理部门报告。情况紧急时，事故现场有关人员可以直接向事故发生地人民政府安全生产监督管理部门报告。

（2）报告事故应当包括下列内容：

1）事故发生单位概况。

2）事故发生的时间、地点以及事故现场情况。

3）事故的简要经过。

4）事故已经造成或者可能造成的伤亡人数和初步估计的直接经济损失。

5）已经采取的措施。

6）其他应当报告的情况。

（3）事故报告后出现新情况的，应当及时补报。自事故发生之日起30日内，事故造成的伤亡人数发生变化的，应当及时补报。道路交通事故、火灾事故自发生之日起7日内，事故造成的伤亡人数发生变化的，应当及时补报。

（4）事故发生单位负责人接到事故报告后，应当立即启动事故相应应急预案，或者采取有效措施组织抢救，防止事故扩大，减少人员伤亡和财产损失。

（5）事故发生后，项目代建部人员督促施工单位妥善保护事故现场以及相关证据，任何单位和个人不得破坏事故现场、毁灭相关证据。因抢救人员、防止事故扩大以及疏通交通等原因，需要移动事故现场物件的，应当做出标志，绘制现场简图并做出书面记录，妥善保存现场重要痕迹、物证。在发生事故后，在场人员尽可能了解或判断事故的类型、地点和严重程度，并迅速报告单位负责人。

**（三）事故的调查及处理**

1. 事故调查

（1）发生轻伤事故，由施工单位负责人、安全员以及上级安全主管部门组成事故调查组，开展调查工作。上级有关部门将配合、指导这一工作的开展。

（2）发生重伤事故，由项目代建部督促施工单位项目经理立即组织事故调查组进行调查，事故发生单位必须配合事故调查工作。

（3）发生死亡事故，将由施工单位及事故发生所在地的政府部门、检察院、劳动局、工会组成的事故调查组进行调查，施工项目部必须支持配合事故调查组的工作。

（4）调查组有权向发生事故的单位及有关部门、有关人员了解情况和索取资料，任何单位和个人不得拒绝。有关单位和人员必须接受调查组的调查，笔录中要如实反映情况，不得作伪证，否则将承担法律责任。

（5）发生重大险肇事故，事故调查组对所造成的经济损失作评估，已承包单独核算的施工单位，按照有关规定，承担相应的经济损失。

2. 事故处理

（1）事故发生以后，事故发生单位应严格按照"三不放过"（事故原因不清不放过，事故责任者和应受教育没有受到教育的不放过，没有采取防范措施的不放过）原则进行处理，接受事故调查组作出的处理意见及防范措施的建议，并付诸实施，避免事故的重复发生。

（2）发生轻伤、重伤、重大险肇事故，事故调查组报施工单位后将视情作出撤岗、处分、撤职、扣发奖金等处理，以教育施工人员。

（3）由于玩忽职守、严重违章造成死亡事故发生的，事故调查组将建议按照国家规定给予行政处分，情节严重构成犯罪的，由司法机关依法追究刑事责任。

（4）施工单位对调查组提出的预防措施，应认真执行，不得拖延，对因落实措施不力，再次造成事故发生的，将追究有关领导和人员的责任。

# 二十、档案文件资料及信息管理

为了使项目的沟通建立在准确的信息收集基础上，项目代建部应建立项目信息管理系统。按照系统化、规范化、标准化的要求，做好各种技术文件资料，以及政府规定办理的各种报批文件的管理。

## （一）项目代建部的职责权限

（1）负责项目代建部日常事务的管理。

（2）协助代建项目的备案、报审、报批手续的办理。

（3）负责收集、整理代建项目各阶段的工程技术文件、成果资料，并分类、编号、归档、录入电子目录信息。

（4）负责收集、整理招标采购过程文件、投标书，并分类、编号、归档、录入电子目录信息。

（5）负责收集、整理项目建设过程中产生的往来文件与呈批件，并分类、编号、归档、录入电子目录信息，负责项目代建部项目管理信息系统文件资料上传等。

（6）负责报审报验文件、中标通知书、合同等所有对外发文工作。

## （二）档案管理要求

（1）做好档案交接管理。任何个人不得据为己有或者拒绝文件材料归档，工作变动或因故离职时应将形成的档案向本部门兼职档案管理人员移交清楚，并编制移交清单，项目负责人签字认可，不得擅自带走或销毁任何档案。

（2）项目代建部负责代建项目档案的收集、整理、加工、归档，并做好资料备查交接工作。

（3）归档文件的要求：

1）办理完毕的正式文件、审批文件及文件草拟修改稿，审批流程完整有效，无漏签、越级现象，文件内容正确有效，无明显低级错误。

2）文件书写和载体材料应耐久保存。

3）必须具有保存利用价值。

4）必须经过系统整理，完整地反映历史活动的全过程，保持文件之间的有机联系。

## （三）工程档案管理制度

1. 收集范围

从工程项目建议书开始到工程竣工决算为止所有与工程有关的，具有保存价值的文字、资料、图纸、声像等各种载体的文件材料。

2. 工程资料、档案的保管

（1）认真贯彻执行《中华人民共和国档案法》《中华人民共和国保守国家秘密法》等相关规定。

（2）及时将收集的文件、资料、图纸等，整理分类，编写目录，装订成册，在保管过程中，严格遵守档案接收、查阅、出借、归还的登记制度。

（3）归档的文件材料要完整、系统、准确。

（4）档案按类别存放，在相应的档案盒上贴上标签。

（5）做好档案的"防火、防盗、防潮、防虫、防尘"工作，档案柜必须加锁。

## （四）收文办理

（1）项目代建部收到各类文件、通知和设计图纸，一律由资料员办理收文登记手续。

（2）收发文件时，要认真清点，核对文件份数、标题并逐件编号登记。

## （五）发文办理

（1）项目代建部发出的各类文件、通知均必须按要求统一编号。

（2）项目代建部发出的各类文件、通知份数应满足法规要求或工作需要，需抄报代建单位的应及时抄报。

（3）项目代建部发出的各类文件、通知均由项目负责人或项目经理签发，未经项目负责人或项目经理授权，其他人无权签发。

（4）项目代建部发出的各类文件、通知均由资料员按要求送达收件人，并办理发文登记手续。收件人收到文件后，应在发文表上签字。

（5）签发后的公文不得改动，若需修改，应收回。修改后，由项目负责人或项目经理重新签发。或者修改后重新签发的文件发出时，同时收回原先发的文件。

（6）已签发的文件应同时存档。

### （六）文件的传阅

（1）收到各类文件、通知和设计图纸，首先交给项目负责人或项目经理批阅，并留下批阅记录。项目负责人或项目经理要求传阅办理的文件，应粘贴"文件处理笺"，由资料员送达阅办人。

（2）阅办人应在要求时间内及时认真阅读文件，签署意见并及时返回资料员。

（3）文件传阅后资料员应及时收回，交给项目负责人或项目经理查看传阅情况，符合要求后及时归档。

（4）项目负责人或项目经理应及时检查收发文件的落实情况，确保文件精神、内容得到贯彻落实。

### （七）各参建方竣工档案整理要求

按照"谁移交、谁负责，谁形成、谁负责"的原则，建设单位对项目归档工作负总责，要把项目归档工作纳入合同管理、施工管理各个环节，着力提升重点建设项目档案工作规范化水平。

项目档案工作贯穿项目建设的全过程、全周期，涉及领域广、参建单位多、专业性强、运营生命周期长，各相关单位要认真履职尽责、加强沟通协调，切实落实好工作责任。

（1）各参建方应熟悉工程相关的资料存档要求。

（2）各参建方应根据竣工资料归档的要求，明确各自需要归档资料的目录和内容。

（3）各参建方按照《建设工程文件归档规范》GB/T 50328—2014、《建设项目档案管理规范》DA/T 28—2018 等归档要求，及时收集整理资料。

（4）各参建方落实职责任务。各参建方要认真学习贯彻国家有关项目档案工作的法律、法规和标准规范，及时组织各参建方项目管理相关人员和档案人员参加档案业务培训，做好项目开工前的项目文件管理归档技术交底。各参建单位做好项目文件的形成、收集、整理和归档工作，并定期组织查验项目文件形成、积累和归档情况，审查项目文件归档的完整性、规范性、系统性，确保建设工程档案全面反映工程实际情况。

（5）加强业务指导。相关档案部门对建设项目档案业务进行监督指导，按规定组织开展项目档案验收工作，各参建方要加强同相关档案部门的沟通联系，按照相关规定认真做好项目档案管理登记，并积极开展项目档案验收的前期准备和后续整改工作。

（6）项目代建部加强对施工单位竣工归档资料的检查，发现资料问题及时要求其整改。

（7）项目代建部加强与建设单位、勘察设计单位、监理单位的联系，建议他们安排专职资料员负责项目相关资料的收集和整理，项目代建部安排资料员负责与建设单位、勘察设计单位、监理单位资料员的联系和沟通。

## （八）信息管理的方法和手段

代建管理人员养成"利用所有感官来收集和分析信息"的思维习惯非常重要！代建管理人员应该保持对周围环境的敏锐观察，因为感官敏锐，才能收集到足够的信息。而信息的拥有和掌握是决定能力和价值的。

代建管理人员不仅要收集信息，还要善于分析和处理信息。

1. 日常信息资料管理

（1）做好项目管理日志及有关工程大事记；

（2）做好各类往来文件的批复与存档；

（3）做好项目协调会、专题会、碰头会的会议纪要；

（4）做好工程施工现场记录和信息反馈；

（5）管理好实施期间的各类技术文档；

（6）编制代建项目管理月报；

（7）对代建项目管理的往来资料予以登记，并借助计算机进行管理；

（8）资料应分类存放并编目，以利于查找；

（9）督促检查各相关单位做好信息管理工作。

2. 资料归档管理

（1）项目竣工后，项目代建部整理管理资料，经项目负责人审核签字后，进行归档；

（2）依据委托代建合同的约定，向使用单位和委托方报送管理资料，整理移交的文件包括项目决策立项文件、勘察设计文件、招标投标文件、工程开工文件、竣工验收文件等。

3. 信息管理的手段

项目代建部设立信息管理员，配备计算机，信息管理员运用互联网思维和技术管理信息，保证及时收集信息、分析信息和处理信息，让有效用的信息为项目代建部所有，真正发挥信息的价值和作用。

## 后记

笔者觉得人生在世能亲手创作自己的书籍是一件足慰平生的幸事。创作书籍也证明了自己一直处在不断修炼的过程中，即所谓自我修炼。而自我修炼的最高境界是无我。

当然追求无我，还要保有无我的意识，从修炼自我开始，所谓以终为始的修炼。这就要求以终为始设定目标，关注当下、做好落实，真正做到以自我为始，以无我为终，实现从自我到无我的一个质的飞跃。这也符合唯物辩证法之质量互变规律。

好书是会"抓人"的，尤其是有缘人。这要靠因缘和合。好书之所以会"抓人"，是因为好的文字会吸引人。所谓文以"抓人"，就是能够牢牢"抓住"读者的注意力，不仅让人想读，而且让人读得津津有味。

笔者在写本书的过程中不断地进行修改，以期本书实用性强，满足读者的需求。另外，听取了编辑的一些意见和建议，删掉了领导篇章的内容。

在笔者写作过程中，得到了很多人的帮助和启发，借此机会向你们表示深深的感谢。真诚地希望读者能有所启发、思考，甚或行动，这样也不枉笔者的一片赤子之心！

曹昌顺